PREFAZIONE

Questo libro nasce grazie al prezioso contributo di tutti quei lettori che negli anni hanno seguito la mia attività divulgativa giornalistica sui metalli. Le loro domande, le loro curiosità e i loro commenti nel conoscere i metalli rari mi hanno spinto a raccogliere e riordinare una serie di articoli pubblicati nel tempo, per offrire uno scritto organico che potesse appagare la curiosità di altre persone.

L'Autore

INTRODUZIONE

Parlare di metalli rari ad un pubblico più ampio rispetto a quello degli ingegneri che si occupano di metallurgia, può sembrare un po' folle.

Tuttavia, durante i numerosi anni (non vi dirò quanti per non permettervi di calcolare la mia veneranda età) in cui mi sono occupato di metalli rari, ho riscontrato sempre un grande interesse da parte di persone che nulla avevano a che fare con la metallurgia o con il settore dei metalli in genere. Forse, il fatto che si trattava di qualcosa di raro e sconosciuto, un po' come quando si parla di creature animali misteriose, accendeva nelle persone un'istintiva curiosità.

Una curiosità che cresceva ancora di più parlando delle straordinarie proprietà di alcuni di questi metalli e del loro impiego, per esempio, nel settore militare o tecnologico.

D'altronde come non rimanere affascinati ed impauriti da un metallo come il polonio, radioattivo e mortale, balzato agli onori delle cronache perché impiegato per liquidare una spia scomoda del Cremlino. Oppure dal californio, scoperto recentemente (anni '50) e potenzialmente utilizzabile per costruire bombe atomiche tascabili. Ma non vorrei anticiparvi troppo, togliendovi una parte del gusto della lettura.

Ancora due parole soltanto per sottolineare come il libro non sia un manuale tecnico di metallurgia, ne un guida al commercio di metalli, rari o meno rari. È invece un viaggio nel mondo dei metalli rari per tutte quei lettori che vogliono capire cosa sono, come vengono usati, i retroscena commerciali e i grandi attori del mercato, quale importanza hanno nella nostra società adesso e nei prossimi anni, questi straordinari "ingredienti segreti di ogni cosa", come li ha correttamente definiti la celebre rivista National Geographic.

SCONOSCIUTI, TERRIBILI E PREZIOSI

UN METALLO PER ATOMICHE TASCABILI

Bastano dieci miliardesimi di secondo per mettere la parola fine a oltre due secoli di storia, meno di un attimo.

Un'esplosione spaventosa il cui calore provoca istantaneamente la volatilizzazione di ogni sostanza organica, facendo scomparire ogni essere vivente nell'arco di chilometri. E questi sono solo gli effetti termici di una bomba atomica, che sono accompagnati da uno spostamento d'aria che rade al suolo case ed edifici e da effetti radioattivi che durano per anni.

Uno scenario da incubo, che non fa dormire i servizi di sicurezza dei paesi di mezzo mondo, minacciati soprattutto dal terrorismo internazionale. Una minaccia, quella atomica, che fino ad ora era tenuta sotto controllo da fattori tecnologici, dal momento che la disponibilità e la gestione di un ordigno nucleare non è alla portata di tutti.

Ma se esistesse una bomba atomica portatile, lo scenario per la sicurezza internazionale cambierebbe radicalmente. Cosa succederebbe se una telefonata annunciasse che c'è un'atomica innescata nel centro di Roma o di Parigi, nascosta in qualche cestino dei rifiuti? O se qualche fanatico kamikaze decidesse di farsi esplodere con in tasca un ordigno nucleare nel bel mezzo di uno stadio affollato?

Per i ricchi gruppi terroristici sarà molto difficile resistere alla tentazione di avere un arma tanto potente.

Ma esiste davvero la bomba atomica portatile e quali sono i rischi che possa finire nelle mani sbagliate?

Facciamo un salto all'indietro nel tempo di oltre mezzo secolo.

Siamo nell'anno 1950 e all'Università di Berkley, in California, viene sintetizzato un nuovo elemento transuranico, sintetico e radioattivo: il californio. Così battezzato in onore dello stato californiano e dell'Università di Berkley, soprannominata "Cal".

Il californio è uno dei pochissimi elementi metallici transuranici ad avere delle applicazioni pratiche, come per esempio l'impiego per avviare reattori nucleari e nella cura contro i tumori.

Ha un aspetto abbastanza comune per un metallo, è di colore argenteo e fonde a circa 900 °C, ma è così pericoloso che per trasportare un grammo di californi è necessaria una enorme botte protettiva del peso di più di 50 tonnellate.

Uno dei suoi isotopi, il californio-252 è un potentissimo emettitore di neutroni, cosa che lo rende estremamente radioattivo e pericoloso. Un solo microgrammo di californio-252 emette 2,3 milioni di neuroni al secondo, derivanti da fissione spontanea.

Come se non bastasse, il californio-251 ha anche una massa critica molto piccola, circa 5 chilogrammi, caratteristica che lo renderebbe ideale per la produzione di una bomba atomica del peso di soltanto 2 chilogrammi.

Ma le possibilità per un arma tascabile così potente sarebbero infinite. Un proiettile al californio, per esempio, sparato da una comune pistola, avrebbe un impatto distruttivo pari a circa dieci tonnellate di tritolo. Per non parlare di bombe a mano al californio, che in uno scenario di guerra potrebbero cambiare rapidamente e drammaticamente le sorti di un conflitto.

Per qualcuno la bomba atomica tascabile è soltanto una leggenda metropolitana, poiché i costi per produrre una bomba al californio sarebbero proibitivi, intorno ai 10 milioni di dollari al grammo e forse più.

Ma secondo un generale russo, Aleksandr Lebed, esistono un centinaio di piccole bombe atomiche tascabili disperse in tutto il territorio dell'ex Unione

Sovietica, dall'Ucraina ai Paesi Baltici. Armi in dotazione a brigate speciali del servizio segreto dello stato maggiore dell'URSS e gli strumenti ideali per il terrorismo nucleare, facili da trasportare e azionabili da una sola persona.

D'altronde la produzione di atomiche portatili, capaci di essere collocate da un solo soldato dietro le linee nemiche, venne avviata in URSS fin dagli anni Settanta.

I recenti drammatici eventi di Parigi, dove i terroristi islamici hanno seminato morte e terrore con un Kalashnikov, potrebbero essere una barzelletta a confronto di quanto potrebbe succedere se la bomba al californio entrasse in possesso dei gruppi estremisti islamici.

Non è un caso che il nostro viaggio nel mondo dei metalli rari sia iniziato proprio dal californio: totalmente sconosciuto, con proprietà spaventose ma potenzialmente straordinarie e incredibilmente costoso. Caratteristiche che, come vedremo, accomunano quasi tutti i metalli rari.

100 ANNI TRA GUERRA E PACE

Le persone più informate associano alla parola tungsteno l'immagine di una lampadina a incandescenza, i cui filamenti sono in tungsteno. Tuttavia l'importanza di questo metallo risiede altrove, avendo accompagnato buona parte dei progressi tecnologici dell'umanità durante gli ultimi 100 anni.

Sono pochissime le persone che possono dire di conoscere il tungsteno, se non in modo vago e indeterminato.

La convinzione della maggior parte delle persone è che il tungsteno sia utilizzato soprattutto nei filamenti delle lampadine ad incandescenza. In realtà molte delle cose che ci stanno più a cuore e che riteniamo indispensabili per la nostra felicità, dipendono proprio dal tungsteno. È un'esagerazione? Continuando nella lettura vi convincerete del contrario.

Il tungsteno è un metallo insostituibile nei periodi di guerra, importante nei periodi di pace ed estremamente difficile da produrre. Non esiste in natura il tungsteno come metallo e, come molti altri metalli rari, ha proprietà affascinanti e sorprendenti.

È il metallo più duro mai usato dall'uomo (per durezza è secondo soltanto al diamante) ed ha il punto di fusione più alto di tutti gli elementi: ben 3422 °C. Queste due caratteristiche lo rendono indispensabile per la nostra società e il ruolo che questo metallo ha rivestito nel passato è soltanto il prologo del ruolo che assumerà nel prossimo futuro.

L'importanza del tungsteno emerse per la prima volta nel corso della Prima Guerra Mondiale, periodo durante il quale assunse la qualifica di metallo strategico. Secondo alcuni osservatori britannici dei tempi, la Germania non era in grado di produrre abbastanza munizioni per sostenere l'impegno militare intrapreso e la cosa avrebbe potuto avere conseguenze sfavorevoli per l'impero tedesco. Ma, sorprendentemente, si scoprì che i tedeschi avevano aumentato la produzione di munizioni e che presto avrebbero superato gli arsenali degli Alleati.

Fu necessario un duro lavoro di *intelligence* per scoprire il segreto della nuova tecnologia produttiva tedesca: acciaio al tungsteno ad alta velocità, grazie al quale era possibile impiegare utensili da taglio per produrre in modo più efficiente gli armamenti per le proprie truppe.

Alla vigilia della Seconda Guerra Mondiale, nel 1936, Adolf Hitler strinse un accordo commerciale con la Cina per assicurarsi il 45% del tungsteno estratto. Grazie a questo accordo e ai nuovi proiettili perforanti al tungsteno, la Germania ottenne rapidi successi durante campagna in Nord Africa. I carri armati inglesi venivano perforati facilmente dai proiettili tedeschi e le truppe chiamate Tiger Tank ottennero una fama leggendaria.

Ai nostri giorni i proiettili perforanti al tungsteno sono stati sostituiti dai tristemente famosi proiettili all'uranio impoverito, noti per l'alto numero di tumori e di altri gravi sindromi tra i militari che hanno partecipato alle campagne in Iraq, Somalia, Bosnia e Kossovo.

Attualmente il Pentagono sta cercando di aumentare le proprie scorte strategiche di tungsteno per poter affrontare periodi di carenza di metallo senza mettere a repentaglio la sicurezza nazionale.

Ma anche allontanandoci dal mondo militare, scopriamo che il tungsteno è indispensabile per moltissimi prodotti della nostra era elettronica.

È vitale per la produzione di numerose leghe metalliche

11

e indispensabile per aumentare l'efficienza di importanti utensili per la lavorazione meccanica. La maggior parte delle lavorazioni che rendono possibile ottenere tolleranze minime, quindi grande precisione, sono rese possibili dagli acciai in lega con il tungsteno.

Oltre all'impiego nei filamenti per le lampadine ad incandescenza e a fluorescenza, il tungsteno è essenziale per i macchinari a raggi-X, le lenti per macchine fotografiche, nelle automobili, negli aeroplani, nei telefoni, nei radar. Ma questo elenco comprende solo una piccola parte dei campi di applicazione di questo versatile metallo.

Recentemente è stato scoperto che il tungsteno immerso in un'atmosfera di azoto liquido insieme a scariche elettriche ad alta tensione, grazie a processi fisici ancora sconosciuti, si appuntisce fino ad arrivare alla punta più sottile esistente: un atomo!

Anche se la metallurgia del tungsteno è nel suo periodo infantile e non c'è modo di stimare quanto crescerà il nostro fabbisogno nel futuro, è altamente probabile che sarà sempre più indispensabile per il nostro sviluppo tecnologico.

Purtroppo, ad oggi, la disponibilità di questo metallo è piuttosto critica, così come evidenziato dalla British Geological Society. Per anni la Cina ha fornito circa l'85% della fornitura totale mondiale di tungsteno. Ma negli ultimi anni Pechino ha iniziato una politica di contingentamento del metallo verso l'esterno, limitando le esportazioni, per favorire la fornitura alle proprie industrie. Inoltre, molte miniere cinesi stanno chiudendo, per favorire le miniere di grandi dimensione.

Insomma, se l'oro rimane il simbolo della ricchezza, il tungsteno rappresenta un caso emblematico e affascinante, come simbolo del progresso tecnologico e dello sviluppo sostenibile che ci aspettano nel prossimo futuro.

LA GUERRA PER IL 75°
ELEMENTO

Con gli occhi puntati sui piani di emergenza messi a punto dagli Stati Uniti, qualora si rendesse necessario un attacco alle infrastrutture nucleari in Corea del Nord, attualmente non sembra probabile la minaccia di un'altra guerra per il controllo delle risorse necessarie ai sistemi militari.

Eppure è chiaro a tutti che, molto prima delle guerre combattute sul campo di battaglia, le guerre si vincono o si perdono nella Ricerca&Sviluppo e sulle linee di produzione industriale per la difesa o nello sviluppare nuovi armamenti. In alcuni casi, le decisioni prese anni prima di un conflitto, si concretizzano nella fornitura o nella carenza delle materie prime necessarie per la vittoria.

Queste considerazioni non sono affatto nuove per gli esperti militari, che hanno da tempo compreso la necessità di avere un accesso immediato alle materie prime necessarie per l'apparato militare.

14

È proprio per questo motivo che per la maggior parte del 20° secolo, gli Stati Uniti hanno mantenuto una riserva strategica di materiali, in quantità rilevanti: gomma, stagno e altri materiali di consumo di base necessari per alimentare la macchina militare.

Le Guerre Mondiali e la Guerra Fredda sono finite, ma l'imperativo di avere la disponibilità di risorse strategiche militari, anche nel 21° secolo, è chiaro, o dovrebbe esserlo, per chi si occupa di difesa militare nazionale. Oggi i componenti chiave per l'alta tecnologia dei sistemi di difesa sono elementi della tavola periodica con nomi esotici e sconosciuti ai non addetti ai lavori.

Il renio costituisce un caso eclatante ed emblematico.

Il renio, un metallo sconosciuto alla maggior parte delle persone, svolge un ruolo centrale nei piani di difesa del Pentagono e una crisi negli approvvigionamenti potrebbe avere conseguenze imprevedibili e drammatiche.

Questo elemento, il cui numero atomico è 75, fu scoperto soltanto nel 1925 da alcuni ricercatori tedeschi (il nome deriva dal fiume Reno). Fino a 20 anni fa era una curiosità da laboratorio, ma da allora ha preso piede in impieghi specializzati. La quantità prodotta ogni anno nel mondo, circa 40 tonnellate, fa intuire soltanto intuire quanto è prezioso questo metallo e quanto potrebbe diventarlo ancora di più.

Nell'economia tradizionale, il renio viene utilizzato per produrre la benzina senza piombo, nei gas-liquidi e nei motori a reazione, per esempio nel Boeing 777. Nel settore della sicurezza nazionale, il renio viene utilizzato nei razzi di piccole dimensioni per il riposizionamento dei satelliti in orbita, come super-lega nei motori ad alte prestazioni per velivoli militari quali l'F-15, F-16, F-18, l'F-22 Raptor e il nuovissimo Fighter F-35 Joint, entrato in produzione nel 2010, oltre che nel bombardiere Stealth, l'aereo invisibile ai radar.

Gli ingegneri aerospaziali scelgono questo metallo per la sua capacità di mantenere forza, forma e proprietà conduttive anche a temperature estremamente elevate.

Il renio non viene estratto, ma viene recuperato come sottoprodotto durante la lavorazione di rame e molibdeno. Speciali depuratori catturano le particelle di renio nelle polveri rilasciate nei condotti aspiranti.

Circa il 14% del renio è prodotto negli Stati Uniti, il restante 86% proviene soprattutto dal Cile e dal Kazakhstan. Per gli Stati Uniti questa dipendenza da fornitori esteri, costituisce una vulnerabilità, che nel caso di interruzioni, accidentali o intenzionali, metterebbe a rischio l'intera sicurezza nazionale.

Pensatela come l'altra faccia della medaglia della globalizzazione dell'economia: le catene di approvvigionamento si dispiegano in tutto il pianeta, ma possono essere interrotte improvvisamente e senza alcun preavviso.

Come garantire che il renio sia disponibile, soprattutto per le necessità della difesa militare? Il governo degli Stati Uniti ha magazzini strategici dove accumulare i materiali critici per utilizzarli nel momento del bisogno. Ma potrebbe anche incoraggiare i paesi alleati a recuperare renio da tutti i loro impianti di produzione di rame e molibdeno.

Ma ancora pochi, tra i responsabili della difesa nazionale, sono consapevoli dell'importanza di scorte strategiche di elementi scarsi ma indispensabili per la nostra sicurezza come il renio e come circa un terzo di altri elementi della tavola periodica. Se non vi sarà questa consapevolezza, potremmo scoprire che tutte le macchine belliche high-tech possono venir messe in ginocchio dalla mancanza di una manciata di renio.

IL METALLO SEGRETO DELL'AVIAZIONE SOVIETICA

In piena Guerra Fredda gli ingegneri sovietici realizzano un aereo da combattimento che terrorizza il Pentagono. Per sventare la minaccia gli agenti americani tentano una missione impossibile: rubare il prototipo dell'aeroplano. Fantasie di un romanziere o realtà?

A metà degli anni '70 fu pubblicato un libro, Firefox, che narrava la missione di un agente americano in Unione Sovietica con l'obbiettivo di rubare un nuovissimo jet da combattimento che possedeva prestazioni sorprendenti e in grado di minacciare il blocco militare occidentale.

Il romanzo, frutto della vena narrativa di Craig Thomas, si ispirava ad una preoccupazione reale da parte degli americani che, in piena Guerra Fredda, avevano perso la superiorità tecnica in alcuni settori della progettazione aerospaziale.

Gli ingegneri sovietici erano riusciti a progettare e a costruire due aerei da combattimento, il MIG-21 e il MIG-23, con caratteristiche strabilianti per le competenze di allora e per farlo avevano impiegato un metallo segreto: lo scandio.

Lo scandio è l'ottavo elemento più raro sulla Terra ed è un potente raffinatore di particelle. Se aggiunto alle leghe di alluminio ne aumenta la resistenza e la durata nel tempo del 50%. Per rendersi meglio conto di cosa significhi, basta pensare che se una struttura in carbonio dovesse offrire le stesse prestazioni di una lega allo scandio, peserebbe molto di più di una struttura allo scandio.

Lo scandio, il più leggero tra i metalli di transizione, aumenta anche la rigidità e la resistenza allo stress, migliora la qualità, la durata e inibisce la ricristallizzazione della lega di alluminio.

Dmitri Mendeleev, l'inventore della tavola periodica, aveva predetto l'esistenza dello scandio prima che fosse scoperto in natura. La scoperta avvenne solo nel 1879, per merito di un professore di chimica che non trovò un'idea migliore di chiamare il nuovo elemento come la sua terra, la Scandinavia. Questo metallo raro fu isolato nella sua forma più pura soltanto nel 1937 e la prima libbra di metallo puro fu prodotta addirittura nel 1960.

Poiché lo scandio ha alcune caratteristiche simili a quelle di elementi come l'ittrio e il lantanio, viene spesso classificato come una terra rara. Tuttavia, lo scandio ha una bassa affinità con altri minerali e raramente lo si trova in concentrazioni tali da rendere un deposito commercialmente utilizzabile.

Le quantità di scandio disponibili sono scarse e costose (circa 5.000 dollari al chilogrammo) e ciò costituisce un grosso problema, soprattutto per i militari, principali utilizzatori del metallo.

Lo scandio attualmente ha tre tipi di utilizzo: per rafforzare le leghe di alluminio e quindi nell'industria aerospaziale, per costruire lampade ad alta intensità (usate negli studi televisivi) e lampadine, come tracciante radioattivo nelle raffinerie di petrolio.

Negli ultimi anni sta prendendo sempre più piede l'utilizzo dello scandio, in lega con l'alluminio, per la costruzione di attrezzi sportivi come biciclette e mazze da baseball.

Recentemente è stato scoperto in Australia il più grande deposito del mondo di scandio, durante gli scavi nella ex miniera di nichel di Greenvale, nel Queensland del nord.

Adesso che il Pentagono ha scoperto il metallo segreto dell'aviazione militare sovietica, non gli rimane che compiere la missione più impegnativa e difficile: comprare scandio a prezzi ragionevoli.

IL PRINCIPE NERO DI TUTTI I METALLI

Affascinante per le sue sorprendenti caratteristiche liquide ma altrettanto pericoloso per la sua tossicità, il mercurio è circondato da antiche leggende che lo identificano come l'origine di tutti i metalli.

Il mercurio (hydrargyrum in latino) è infatti considerato il principe maledetto tra tutti i metalli conosciuti, affascinante ma mortale.

Secondo gli antichi, era la sostanza primordiale da cui erano nati tutti gli altri metalli e gli alchimisti ritenevano che, cambiando il tenore di zolfo, potesse essere trasformato in qualsiasi altro metallo, oro compreso. Tuttavia la sua pericolosità è tale che esiste un trattato internazionale per contenere il suo utilizzo.

Il fascino di questo metallo deriva anche dal fatto di essere l'unico ad essere liquido a temperatura ambiente e una delle rare sostanze che reagisce con il più nobile dei metalli: l'oro. Il processo con cui avviene la reazione tra i due metalli è semplicemente straordinario da vedere: una foglia d'oro che entra in contatto con il mercurio, prima si scioglie e poi si dissolve totalmente. Secondo gli alchimisti, a questo punto del processo, evaporando il mercurio si sarebbe potuto ottenere oro purissimo.

Ma esiste anche un'altra faccia del mercurio, maledettamente pericolosa. È un veleno micidiale e con effetti nel lungo termine per tutti gli esseri umani, ma anche per altri organismi viventi. Alcuni storici ritengono che Napoleone, Ivan il Terribile e Carlo II d'Inghilterra siano morti avvelenati da questo metallo.

Più di un terzo del mercurio rilasciato nell'ambiente è una diretta conseguenza della nostra brama di oro. In tutto il mondo, si stima che dai 10 ai 15 milioni di piccoli minatori scavano e dragano l'oro usando il mercurio per separare il metallo.

In acqua, questo metallo si trasforma in una molecola organica altamente tossica, il metilmercurio, che viene assorbito dalle alghe e dai plancton. Questi vengono mangiati dagli animali più grandi, che sono a loro volta mangiati da creature più grandi, che a loro volta sono spesso mangiati dagli esseri umani. Durante l'intero processo, il mercurio diventa sempre più concentrato e costituisce un grave minaccia soprattutto per il cervello in via di sviluppo dei bambini e per i feti nel ventre materno.

I governi del mondo non sono molto d'accordo su cosa fare per fronteggiare la minaccia. Tuttavia, nel 2013, 93 paesi, tra cui anche l'Italia, hanno firmato il trattato di Minamata per ridurre l'inquinamento da mercurio.

Minamata è la città giapponese che ha dato il nome alla sindrome neurologica causata da avvelenamento di mercurio, verificatosi a metà del ventunesimo secolo, quando le acque contaminate di un'industria chimica arrivarono nella catena alimentare attraverso i pesci, i molluschi e i crostacei della baia omonima.

L'ISOTOPO CHE STA SCOMPARENDO

Esistono isotopi radioattivi da cui dipende la salute di moltissime persone, nel presente e nel futuro. La produzione di uno di questi rischia di scomparire per sempre.

Quando la maggior parte delle persone sente parlare di isotopi radioattivi comincia a preoccuparsi. Nel caso del molibdeno-99 la preoccupazione è del tutto giustificata, ma non per la sua pericolosità quanto invece per la sua mancanza.

Qualcuno conosce il molibdeno come metallo raro, impiegato in molte applicazioni industriali: additivo per produrre acciaio, indispensabile in molte applicazioni nel settore aerospaziale e nel settore dell'elettronica.

Ma il molibdeno-99 è tutt'altra cosa. Infatti è uno dei 35 isotopi conosciuti del molibdeno, il cui decadimento produce un isotopo radioattivo chiamato tecnezio-99, componente chiave della medicina nucleare, quella branchia della medicina che utilizza le radiazioni per raccogliere informazioni sugli organi interni del corpo umano, in genere per diagnosticare le malattie.

Il tecnezio-99 può essere usato per esaminare un'ampia varietà di organi e tessuti e per questo motivo è il radioisotopo più comunemente impiegato nella diagnosi medica. Attualmente, in tutto il mondo, vengono realizzati 40 milioni di diagnosi all'anno e il tecnezio-99 rappresenta l'80% di tutte le procedure di medicina nucleare.

È chiaro che il tecnezio-99, e per estensione il molibdeno-99, è un prodotto molto importante. Purtroppo, negli ultimi anni, il delicato equilibrio tra la domanda e l'offerta di molibdeno-99 si è rotto.

L'intera produzione fa capo a 5 reattori nucleari molto vecchi, che sono in attività da 50 anni, ben oltre il loro limite, dal momento che sarebbero dovuti durare non oltre i 30 anni.

Quando uno di questi reattori, l'HFR dislocato in Olanda, si è fermato per due mesi per la manutenzione ordinaria, sul mercato è venuto a mancare il 33% del molibdeno-99 necessario.

Ma l'età dei reattori non è l'unico problema che affligge le forniture di molibdeno-99. La Nuclear Security Administration americana è assai preoccupata per il fatto che la maggior parte del molibdeno-99 viene prodotto tramite processi che richiedono uranio altamente arricchito (HEU), cioè materiale utilizzato per la produzione di armi nucleari.

In altre parole la tecnologia attualmente usata per produrre molibdeno-99, e di conseguenza tecnezio-99, è obsoleta e potenzialmente pericolosa. Una tecnologia migliore e maggiormente sicura sarebbe quella che con uranio a basso arricchimento (LEU).

Purtroppo, al momento, le aziende che stanno cercando di sviluppare nuove procedure per la produzione di molibdeno-99 sono poche e di dimensione ridotta, impegnate in un'impresa con alti costi e tempi incerti.

Ecco perché la stabilità mondiale di molibdeno-99 rischia di vacillare e di causare seri problemi a tutto il settore diagnostico mondiale.

UN TESORO DA 548 MILIONI DI DOLLARI SCOPERTO PER CASO

La storia mineraria del Perù e di un importante metallo per tutta l'industria mondiale è legata soprattutto al caso ed al freddo.

Sembra infatti che il più grande giacimento di vanadio del paese, Minas Ragra, fu scoperto nel 1905 da alcuni operai minerari che, durante una pausa dal lavoro, andarono a cercare del carbone per riscaldarsi a causa delle rigide temperature delle montagne. A loro insaputa raccolsero vanadio e lo bruciarono, respirando fumi tossici che quasi li uccisero.

La miniera di Minas Ragra venne ufficialmente scoperta poco dopo ed acquistata da alcuni investitori americani, che scatenarono una corsa al vanadio in tutto il paese sudamericano. Nel 1920 già era chiaro la vastità e la ricchezza della miniera, diventata indispensabile per lo sviluppo della giovanissima e fiorente industria automobilistica americana.

Ma la miniera si sarebbe presto esaurita. Dopo aver prodotto il 52% di tutto il vanadio del mondo, facendo crollare il prezzo da 2.260 dollari al chilogrammo ad un minimo di 2,2 dollari al chilogrammo, si avvicinava l'ora del tramonto per una delle prime miniere di vanadio su scala industriale.

Nel 1955 Minas Ragra aveva esaurito anche l'ultimo grammo di vanadio e il mondo rimase senza 43.000 tonnellate di pentossido di vanadio. Secondo alcune stime, la miniera peruviana aveva prodotto fino a quel momento circa 548 milioni di dollari di vanadio, ai prezzi di mercato attuali.

Per più di 60 anni scomparvero tutte le ambizioni di esplorazione di nuove miniere nel paese e nessun impresa fu più avviata per estrarre vanadio dal suolo peruviano.

Recentemente, l'interesse per il riavvio di qualche miniera di vanadio in Perù si è riacceso, grazie al vicino Brasile, dove è in costante aumento la produzione di vanadio nella miniera di Maracas Menchen, gestita dalla Largo Resources, da cui sono già state estratte circa 1.140 tonnellate.

Tuttavia, l'esaurimento anche di questa miniera potrebbe rimettere in gioco un paese come il Perù che, come sostiene qualche vecchio minatore, nasconde tra le sue montagne ancora ricchi e sconosciuti tesori minerari.

IL METALLO CHE FA PAURA

È uno dei metalli più importanti per la nostra società e lo diventerà ancora di più nel prossimo futuro. Meglio conoscerlo che averne paura...

Parliamo di uranio, un nome che difficilmente non incute istintivamente un certo disagio, misto a paura, generato da tutto quello che abbiamo sentito circa i drammatici incidenti nucleari di Chernobyl e di Fukushima e circa l'impiego di uranio impoverito in zone di guerra.

I mass-media, sull'argomento, non ci sono mai andati leggeri e, per dare qualche emozione in più al proprio pubblico, hanno preferito terrorizzare anziché informare.

Nella realtà l'uranio è un metallo abbastanza comune, presente nella maggior parte delle rocce in basse concentrazioni (da 2 a 4 parti per milione). Inoltre, in questi anni ha attirato l'attenzione di molti investitori, che intravedono la possibilità che i prezzi del metallo possano mettere a segno consistenti guadagni nel prossimo futuro.

L'uranio fu scoperto nel 1789 nel minerale pechblenda da Martin Klaproth, un chimico tedesco, che lo battezzò come il pianeta Urano.

Quando viene raffinato è un metallo bianco argenteo, debolmente radioattivo, ma che reagisce con la maggior parte degli elementi non metallici e dei loro composti, reazione che aumenta con la temperatura.

L'uranio è presente sotto forma di due isotopi (atomi con un neutrone in più o in meno): l'uranio-238 (U-238) e l'uranio-235 (U-235). Il primo rappresenta più del 99% del metallo disponibile, il secondo meno dell'1%. Il più raro, l'U-235, è anche il più importante ed è quello comunemente usato come combustibile nucleare. Infatti è fissile, il che significa che in certe condizioni l'isotopo può essere diviso, sprigionando una notevole quantità di energia.

L' U-238 invece non è fissile ma fertile. Cosa significa? Significa che può catturare uno dei neutroni intorno al nocciolo di un reattore, creando plutonio-239, un isotopo fissile che emana una notevole quantità di energia. Il plutonio è tristemente famoso per essere stato usato nella bomba atomica che venne sganciata su Nagasaki (quella di Hiroshima era all'uranio-235).

Attualmente, l'uso più importante dell'uranio è nella produzione di energia nucleare. Fu impiegato nelle prime centrali nucleari nel 1950 e, ad oggi, i reattori nucleari sono diventati più di 400, una flotta di centrali che provvede ad oltre il 10% dell'energia elettrica del mondo.

Ma, come tutti sanno, esiste un impiego dell'uranio un po' meno pacifico: i penetratori ad alta densità e le bombe nucleari.

I primi sono munizioni all'uranio impoverito legato con l'uno o il due percento di altri metalli, solitamente titanio e molibdeno, mentre le bombe nucleari hanno drammaticamente costituito uno dei primi utilizzi dell'uranio anche se, dal 1990, la maggior parte dell'uranio militare è stato riconvertito per essere impiegato come combustibile nelle centrali nucleari civili.

Con la popolazione del nostro pianeta in crescita continua, la necessità di avere fonti energetiche è più importante che mai. Si prevede che entro il 2030, il consumo di elettricità sarà raddoppiata rispetto ai livelli del 2007 e una parte significativa deriverà dall'energia nucleare. La sola Cina costruirà 40 nuovi reattori nucleari entro il 2020, così come la Russia che ne costruirà altri 25 e l'India altri 24.

Perciò è lecito domandarsi se ci sarà abbastanza uranio per soddisfare tutte queste nuove esigenze. Secondo molti analisti non vi sono dubbi che ci sarà un deficit di approvvigionamento di questo metallo e con esso un forte aumento dei prezzi. Ma i tempi con cui questo avverrà non sono troppo chiari, come dimostra il fatto che è ormai da qualche anno che gli esperti si attendono un rialzo dei prezzi che fino ad ora non c'è stato.

Tuttavia, per chi crede che i fondamentali della domanda e dell'offerta siano i driver più importanti del mercato, non ci sono molti dubbi che l'uranio costituisce un investimento interessante per i prossimi anni.

IL COMBUSTIBILE NUCLEARE DEL FUTURO

La rinascita del nucleare, nell'era post-Cernobyl, è stata a lungo bloccata dall'elevato costo di nuove centrali nucleari e dalla durata della vita di gran parte delle scorie nucleari radioattive, che può estendersi ben oltre i 10.000 anni.

Ma un numero crescente di scienziati ritiene che un combustibile nucleare alternativo all'uranio e al plutonio potrebbe risolvere il problema. Il metallo alternativo si chiama torio e potrebbe aprire la strada alla produzione di un'energia nucleare più economica e più sicura.

Il torio è un metallo debolmente radioattivo che fu scoperto nel 1828 dal chimico svedese Jöns Jakob Berzelius, che lo battezzò così in onore di Thor, il dio del tuono. Il torio si trova in piccole quantità nella maggior parte delle rocce e dei suoli, dove è circa dieci volte più abbondante dell'uranio ed è circa comune quanto il piombo.

Il torio è una bomba di energia: una tonnellata di esso può generare la stessa energia di 200 tonnellate di uranio.

Negli anni '50, alcuni fisici americani avevano preso in considerazione il torio come fonte di energia per lo sviluppo nucleare e nel 1957 venne inaugurata la centrale di Shippingport, un piccolo impianto di appena 60 Megawatt di potenza, totalmente alimentata a torio.

Ma l'uranio, che ha come sottoprodotto il plutonio, prese piede nell'allora nascente tecnologia nucleare grazie agli impieghi militari di quest'ultimo. Infatti il plutonio era l'elemento più utilizzato negli armamenti prodotti durante la Guerra Fredda. Dal torio non è possibile estrarre plutonio ed è di conseguenza impossibile produrre ordigni nucleari.

Una società giapponese che sta lavorando su reattori a sali fusi alimentati con torio, stima che la potenza generata da un tale reattore costerebbe almeno il 30% in meno dell'energia prodotta da reattori ad acqua leggera di oggi. Inoltre, i reattori a sale fuso, potrebbero bruciare le scorte di rifiuti pericolosi prodotti dalle precedenti generazioni di reattori nucleari.

Soltanto l'India ha puntato su questa tecnologia che negli ultimi anni è tornata di moda. Stati Uniti e soprattutto la Cina stanno cominciando a investire risorse nello sviluppo di centrali nucleari alimentate con torio. Sembra che nel corso di quest'anno la Cina inaugurerà la sua prima centrale.

Il torio è presente anche in Italia in discrete quantità, nel Lazio, sul confine tra Valle d'Aosta e Svizzera e sull'Etna. Secondo Carlo Rubbia, premio nobel per la Fisica, esistono dei giacimenti anche in Umbria e in Abruzzo.

Pochi sanno che nel 2000, proprio in Italia, l'Enea iniziò a lavorare sul Rubbiatron, un reattore nucleare ad amplificazione di energia affiancato da una sorgente esterna di protoni, con barre di torio come materiale fissile e piombo liquido come refrigerante. Nato da un'idea di Carlo Rubbia, questo reattore sarebbe realizzabile con le tecnologie attuali e presenterebbe indubbi vantaggi rispetto anche ai tradizionali reattori di ultima generazione. La realizzazione da parte dell'Enea fu però abbandonata per mancanza di fondi.

O LE TERRE RARE O LA VITA

Nel 2014 una violenta epurazione di regime in Corea del Nord sancisce l'inizio di una maxi-operazione per lo sfruttamento del giacimento di terre rare più grande del mondo.

Il mercato delle terre rare era appena entrato in fermento per l'annuncio della scoperta del più grande deposito del mondo in Corea del Nord, con un potenziale di 6 miliardi di tonnellate di minerale, con un valore stimato in 65.000 miliardi di dollari.

Ma una settimana dopo l'annuncio della scoperta e della concessione della licenza alla Pacific Century Rare Earth Minerals Ltd è accaduto qualcosa di drammatico: l'esecuzione di Jang Sung-taek, zio di Kim Jong-un, leader supremo della Corea del Nord.

Jang è stato riconosciuto colpevole di "dissolutezze varie" e più precisamente "di aver condotto uno stile di vita capitalista volto a trascinare il paese alla decadenza attraverso la distribuzione di tutti i tipi di immagini pornografiche, conducendo una vita dissoluta e depravata, con sperpero di denaro ovunque andasse". E ancora viene definito "traditore della nazione", "peggio di un cane" e "spregevole feccia umana", termini che vengono solitamente riservati ai leader della Corea del Sud.

Ma tra i capi di accusa che hanno portato alla condanna a morte del povero Jang Sung-taek e l'uccisione di tutti i suoi familiari, c'è una frase che ha fatto venire i brividi a tutti i dirigenti della Pacific Century Rare Earth Minerals Ltd: "Jang Sung-taek ha venduto preziose risorse del paese a prezzi stracciati".

Probabilmente, dietro l'esecuzione di Jang vi sono molti fattori, tra i quali potrebbe esserci anche la nuova scoperta di terre rare. Certamente, la vicenda dell'esecuzione dello zio del dittatore ha innescato preoccupazioni circa la possibilità di sfruttare il nuovo giacimento facendo conto sugli investimenti esteri.

Secondo Leonid Petrov, ricercatore coreano presso la Australian National University's College of Asia and the Pacific, la morte di Jang dimostra che la Corea del Nord è resistente al cambiamento e non ha alcun interesse nel fare le riforme che servono per sostenere gli investimenti esteri nell'economia del paese. In fondo, crisi e isolamento, sono due condizioni necessarie per mantenere il regime.

A detta di un consigliere della Casa Bianca, l'episodio avrà una serie di effetti a catena tra i quali anche il controllo dell'estrazione di terre rare nel paese. Di certo, la Pacific Century Rare Earth Minerals Ltd ha imparato a sue spese cosa significa il concetto di rischio politico quando si investe in Corea del Nord.

I 10 METALLI PIÙ RARI DEL MONDO

Qualcuno pensa che l'oro sia il metallo più raro del mondo, a causa della sua preziosità. In realtà esistono metalli molto più rari e anche molto, ma molto più preziosi.

Se vi trovaste ad essere l'imperatore di un potente regno e doveste scegliere di coniare delle monete nazionali con un metallo impossibile da contraffare, grazie alla sua scarsità e rarità, potreste scegliere tra quelli contenuti nella graduatoria dei 10 metalli più rari del mondo.

Raro non sempre fa rima con prezioso, dal momento che il valore di un metallo non è determinato soltanto dalla sua scarsità, ma anche dalla richiesta del mercato.

Insomma, se l'offerta di un metallo è scarsa ma è scarsa anche la domanda, il suo valore potrebbe non essere elevato. È il caso del metallo più raro del mondo, l'iridio, che ha prezzi modesti e impieghi assai ristretti.

⚔ IRIDIO – È l'elemento più raro su tutta la crosta terrestre (0,0004 parti per milione), circa 12 volte più raro dell'oro. Secondo alcuni importanti studi scientifici, l'origine del metallo sarebbe extraterrestre, arrivato con lo stesso asteroide che portò all'estinzione dei dinosauri, schiantatosi nei pressi dell'attuale penisola dello Yucatan (Cratere di Chicxulub).

⚔ RODIO – Come l'iridio, appartiene al gruppo del platino e per alcuni anni è stato il più prezioso dei metalli. Estrarre rodio è un'impresa piuttosto complessa, infatti questo metallo si trova mescolato in minerali di altri metalli, come palladio, argento, platino e oro. Anche le operazioni di fusione sono difficilissime, tanto da raggiungere a malapena una produzione totale mondiale di sole 7 tonnellate all'anno.

⚔ TELLURIO – Allo stato fuso, il tellurio è in grado di corrodere metalli quali il rame, il ferro e anche l'acciaio inossidabile.

⚔ RUTENIO – È un metallo molto difficile da produrre per le sue particolari caratteristiche chimico-fisiche. Perciò il rutenio è presente in commercio in quantità assi ridotte e e i suoi prezzi sono particolarmente elevati (attualmente circa 60 dollari per oncia).

▲ OSMIO – Anche l'osmio appartiene al gruppo del platino e il suo tetrossido viene utilizzato per il rilievo delle impronte digitali. È il metallo più pesante in natura.

▲ RENIO – Il renio non esiste in natura allo stato libero e nemmeno nei minerali più comuni. L'unica possibilità è di ottenerlo dal perrenato di ammonio.

▲ ORO – L'oro è distribuito un po' su tutta la crosta terrestre, con una concentrazione media di 0,03 parti per milione, corrispondenti a 0,03 grammi per tonnellata.

▲ PLATINO – È presente in natura allo stato puro o in lega con l'iridio. I suoi composti, altamente tossici, sono piuttosto rari in natura e alcuni di essi, ad esempio il cisplatino, sono utilizzati come farmaci anti-tumorali.

▲ PALLADIO – Anch'esso appartenente al gruppo del platino, viene largamente impiegato come catalizzatore.

▲ BISMUTO – È usato soprattutto nel settore farmaceutico e per la preparazione di leghe a basso punto di fusione come, per esempio, quelle per i fusibili.

Parlando invece di valore commerciale dei metalli, il

discorso cambia e il record dell'elemento più prezioso del mondo appartiene ad un isotopo, la forma in cui alcuni elementi possono trovarsi in natura (con un numero differente di neutroni nel nucleo atomico). Il suo valore è stimato nell'incredibile cifra di 1 miliardo di dollari per oncia troy e il suo nome è isotopo del platino 190 (190Pt).

METALLI RARI, METALLI MINORI O METALLI TECNOLOGICI?

METALLI TECNOLOGICI

Da una curiosità per soli scienziati ad inizio del secolo scorso, fino a diventare gli elementi segreti per vincere la Seconda Guerra Mondiale. La storia dei metalli tecnologici è ricca di sorprese che arrivano fino ad oggi.

Il termine metalli tecnologici è relativamente recente ed è stato introdotto, o meglio reintrodotto, da Jack Lifton nel 2007.

Possiamo dire che i metalli tecnologici sono quei metalli, generalmente metalli rari, che sono essenziali per la produzione di moltissimi dispositivi high tech, sistemi ingegnerizzati, armamenti, dispositivi medici, dispositivi per telecomunicazioni, come per esempio:

- la produzione di massa di dispositivi elettronici miniaturizzati;

- gli armamenti avanzati e le piattaforme per la difesa nazionale;

- la produzione di elettricità con fonti alternative, come i pannelli solari e le turbine eoliche;

- lo stoccaggio di energia elettrica da pile e batterie.

Ci sono naturalmente numerose altre applicazioni di questi metalli.

Quasi tutti i metalli tecnologici sono sottoprodotti della produzione di metalli comuni, con l'eccezione delle terre rare e del litio.

Prima della Seconda Guerra Mondiale, vi erano molti metalli per i quali non c'erano usi pratici. Erano letteralmente una curiosità di laboratorio ed erano disponibili solo in piccole quantità, ottenuti a costi elevati in termini di tempo e denaro. Per questa ragione, furono chiamati i metalli minori, semplicemente perché non avevano usi pratici al contrario dei metalli comuni e dei metalli preziosi. Non era importante quanto abbondante fosse il metallo in natura, ma soltanto se avesse o meno un uso pratico (anche perché le quantità prodotte erano legate a questa considerazione). Il nichel, per esempio, era un metallo minore prima dello sviluppo commerciale dell'acciaio inox nel 1919, quando la produzione di massa e l'utilizzo di acciaio inossidabile divennero predominanti. Il nichel divenne un metallo ad alta produzione e oggi è classificato tra i metalli comuni.

Nei primi anni del ventesimo secolo, fu sviluppato dalla General Electric il tungsteno malleabile, che divenne un materiale molto impiegato nei filamenti delle lampadine ad incandescenza. Poco dopo furono sviluppati e utilizzati gli acciai al tungsteno, inizialmente per armature e proiettili perforanti ad uso militare. In seguito il carburo di tungsteno venne impiegato negli utensili da taglio e costituì una rivoluzione per le lavorazioni meccaniche di precisione, proprio in tempo per trasformare la produzione dei motori in una produzione di massa. Il tungsteno, metallo minore nel 1900, divenne nel 1918 un metallo industriale importante, e venne denominato già allora come metallo tecnologico.

Ma l'esempio più chiarificante di un metallo passato da metallo minore a metallo comune è l'alluminio. Alla fine del diciannovesimo secolo, l'alluminio era un metallo minore. Era stato utilizzato per ricoprire il monumento a Washington nel 1886, come simbolo di ricchezza dell'America. L'alluminio è stato quindi più costoso dell'oro. Solo un pazzo o un visionario avrebbe potuto prevedere nel 1886, che la gente comune avrebbe cucinato con pentole e padelle in alluminio, soltanto un secolo più tardi. Anche nel 1919 l'idea di elettrodomestici in acciaio inox per la gente comune sarebbe stata considerata una fantasia.

La Seconda Guerra Mondiale trasformò una disciplina accademica dormiente, lo studio delle proprietà fisiche dei metalli, nella metallurgia moderna che cerca di sviluppare nuovi utilizzi dei metalli e che implementa nuovi prodotti basandosi non solo sulle loro proprietà come materiali strutturali, ma ancora più importante, sulle loro nuove proprietà elettriche, elettroniche e magnetiche per essere impiegati nelle moderne tecnologie.

Cinquant'anni fa non era chiaro che, se qualche metallo minore sarebbe stato impiegato nella produzione di beni di massa. Stavamo scoprendo che le proprietà elettriche e magnetiche degli elementi chimici, erano in grado di soddisfare i bisogni e i desideri della nostra civiltà. Fino alla Prima Guerra Mondiale, la metallurgia conosceva soltanto le proprietà strutturali, decorative e di trasmissione dell'elettricità dei metalli. L'ultimo metallo scoperto, il renio, risale al 1924. Quello che nessuno sapeva, nel periodo tra le due guerre mondiali, era l'importanza di conoscere quali, tra i metalli minori, avrebbe potuto essere prodotto in volumi significativi per seguire la crescita della produzione di massa.

Non c'era bisogno di saperlo, soprattutto nel mondo accademico, dove venivano condotti la maggior parte degli studi su questi metalli. L'equazione era semplice: nessun utilizzo è uguale a nessuna richiesta e quindi non servivano sforzi per fornire questi metalli in grandi quantità.

La Seconda Guerra Mondiale è stato l'evento più importante per la trasformazione dei metalli minori in metalli tecnologici. I problemi economici che limitavano l'innovazione furono messi da parte e la sicurezza nazionale (cioè vincere la guerra) divenne l'unico pilota dello sviluppo tecnologico per motori a reazione, radio, radar, elettronica, informatica e super-cannoni.

Venne radunata dai vari governi mondiali una fantastica galassia dei migliori fisici, ingegneri e chimici, una raccolta di intelligenza che si verifica forse una volta ogni mille anni. Furono messi a disposizione i metalli che erano ritenuti necessari senza alcun vincolo economico. Gli ingegneri chimici cominciarono a imparare come trovare, raffinare e produrre in grandi quantità metalli fino ad allora considerati minori, per soddisfare le esigenze tecnologiche esasperate della guerra in corso. Tra l'altro vennero prodotti, in quantità mai viste prima, silicio e germanio ultra-puri, gallio e indio, uranio e torio, terre rare e, subito dopo la guerra, litio.

Finita la Seconda Guerra Mondiale, iniziarono 50 anni di Guerra Fredda, durante i quali continuò la produzione anti-economica e di massa dei metalli minori, per impieghi militari. La produzione in surplus fu dirottata su applicazioni civili, alla ricerca di impieghi economici e di massa. Questi eventi furono i germi dell'attuale "era tecnologica". Le considerazioni economiche erano molto semplici: i metalli minori servono per la guerra, calda o fredda, e gli Stati sovvenzionano totalmente il loro sviluppo e la loro produzione.

Cosa sono i metalli tecnologici e quali sono i loro principali impieghi? Quale differenza esiste tra un metallo raro e un metallo tecnologico?

Oggi siamo totalmente dipendenti dai metalli tecnologici che sono necessari nella produzione di beni di consumo di massa come i dispositivi elettronici, i televisori, i cellulari, i computer e tutti i dispositivi di comunicazione. La nostra vita dipende dai metalli tecnologici e lo stesso concetto di Sicurezza Nazionale è legata a questi metalli per quanto riguarda armamenti e sistemi di telecomunicazione avanzati.

Ma quali sono i metalli tecnologici? Ecco una lista prodotta dalla US Geological Survey e dalla British Geological Survey, con la stima della produzione mondiale nel 2009 (i metalli tecnologici sono in grassetto mentre i metalli rari sono sottolineati):

- ⋏ **Cobalto**   62.000 (tonnellate)
- ⋏ **Uranio** 35.332 (tonnellate)
- ⋏ **Lantanio**   32.860 (tonnellate)

⅄ Argento   21.332 (tonnellate)

⅄ **Neodimio** 19.096 (tonnellate)

⅄ **Cadmio**   18.000 (tonnellate)

⅄ **Litio**   18.000 (tonnellate)

⅄ **Ittrio** 8900 (tonnellate)

⅄ **Bismuto**   7300 (tonnellate)

⅄ **Praseodimio**   6150 (tonnellate)

⅄ Oro   2350 (tonnellate)

⅄ **Disprosio** 2000 (tonnellate)

⅄ **Selenio**   1500 (tonnellate)

⅄ **Samario**   1364 (tonnellate)

⅄ **Zirconio**   1230 (tonnellate)

⅄ **Gadolinio** 744 (tonnellate)

⅄ **Indio**   600 (tonnellate)

⅄ **Terbio** 450 (tonnellate)

⅄ **Europio**   272 (tonnellate)

⅄ **Palladio**   195 (tonnellate)

⅄ **Platino**   178 (tonnellate)

⅄ **Germanio** 140 (tonnellate)

⅄ **Gallio** 78 (tonnellate)

⚓ **Renio** 52 (tonnellate)

⚓ **Rodio** 30 (tonnellate)

⚓ **Afnio** 25 (tonnellate)

⚓ **Tantalio** ?

⚓ Erbio ?

⚓ Olmio ?

⚓ Lutezio ?

⚓ **Scandio** ?

⚓ **Tellurio** ?

⚓ **Torio** ?

⚓ Tulio ?

⚓ Itterbio ?

I metalli tecnologici sono quasi tutti anche metalli rari e sono spesso ottenuti come sottoprodotti dei metalli comuni.

Il problema dei metalli tecnologici è che la loro offerta, o meglio i nostri tassi massimi di produzione, dipende per lo più dalla produzione di metalli comuni. Nel caso invece delle terre rare, il problema principale risiede nella complessità del processo metallurgico per la separazione dei singoli metalli.

Terre rare e litio sono attualmente oggetto di molte

discussioni, poiché sono diventati metalli tecnologici molto visibili.

La definizione di metallo raro è abbastanza fluida, alcuni metalli rari ad oggi, non sono sempre stati tali. Il litio, per esempio, è sul punto di entrare nella lista dei metalli rari, a causa del suo impiego nelle memorie elettroniche.

Ma è storicamente dimostrato che una volta che un metallo minore diventa un metallo tecnologico, non ritornerà mai ad essere un metallo minore comune.

METALLI RARI

Metalli rari è il nome convenzionale assegnato ad un gruppo di oltre 50 metalli, alcuni dei quali sono elencati qui di seguito.

- ⚔ litio, rubidio, cesio, berilio (LEGGERI)

- ⚔ titanio, zirconio, afnio, vanadio, niobio, tantalio, molibdeno, tungsteno (TRANSITORI)

- ⚔ gallio, indio, tallio, germanio, selenio, tellurio, renio (POST-TRANSITORI)

- ⚔ scandio, ittrio, lantanio e lantanidi (TERRE RARE)

- ⚔ francio, radio, actinio, torio, protactinio, uranio, plutonio e altri elementi trans-uranici, polonio, tecnezio (RADIOATTIVI)

Sono anche denominati metalli tecnologici o metalli strategici o metalli minori. Alcuni definiscono tali metalli come rari quando la produzione annua mondiale è inferiore alle 25.000 tonnellate.

Sono metalli relativamente nuovi per le applicazioni

tecnologiche oppure, alcuni di essi, hanno trovato applicazioni pratiche limitate fino ad oggi. Ma la produzione e i campi di applicazione di questi metalli stanno continuando ad espandersi. Il termine metalli rari è entrato in uso nell'URSS nel 1920 e questi elementi sono a volte indicato come metalli meno comuni. I metalli più rari sono spesso dispersi nella crosta terrestre; ciò insieme alle notevoli difficoltà tecnologiche incontrate per l'estrazione e la raffinazione, spiegano perché furono scoperti relativamente tardi.

La produzione di metalli rari si sta sviluppando ad un tasso particolarmente elevato dalla Seconda Guerra Mondiale ad oggi. Sono metalli essenziali per quasi tutti i settori ad alta tecnologia: aviazione, missilistica, elettronica, ingegneria energetica e nucleare.

Tra le numerose applicazioni vi sono:

- ⚔ la produzione di dispositivi elettronici;

- ⚔ sistemi d'armamento avanzati;

- ⚔ pannelli solari e turbine eoliche;

- ⚔ conservazione di energia elettrica con batterie e pile.

Naturalmente con l'aumento della domanda e degli impieghi di questi metalli, la denominazione metalli rari, tende a perdere il suo significato originale.

I metalli rari sono di solito presenti in piccole concentrazioni nei minerali. I processi chimici di isolamento, separazione e purificazione sono fondamentali per ottenere i metalli rari dai minerali e la tecnologia permette processi più o meno efficienti. Molti metalli rari sono contenuti, in piccole parti, anche nei metalli comuni.

Secondo molti osservatori, i metalli rari sostituiranno nel nostro secolo, per importanza, il petrolio, anche in vista dell'imminente rivoluzione dei trasporti legata allo sviluppo delle nuove tecnologie elettriche automobilistiche.

LE TERRE RARE

17 ELEMENTI ESOTICI

L'europio, il samario, il lantanio, non sono altro che i nomi di alcuni dei diciassette minerali che fanno parte delle terre rare (appartenenti ai metalli rari, o metalli minori) e sono rappresentati nella tavola periodica come elementi chimici.

Sono materiali dai nomi insoliti, diffusi un po' ovunque nella crosta terrestre, la cui estrazione comporta tecniche non troppo diverse da quelle tradizionali, ma la cui estrazione produce un alto tasso di inquinamento.

Senza questi elementi rari non sarebbe possibile produrre nulla di tutto ciò che oggi è l'industria più avanzata.

Il neodimio, per esempio, è l'elemento essenziale per la produzione delle batterie e dei motori delle auto ibride o elettriche, per l'hardware dei computer, per i cellulari e per le telecamere. In campo militare l'ossido di neodimio è un ingrediente indispensabile nei magneti che azionano le ali direzionali dei missili di precisione. Europio e ittrio servono per produrre fibre ottiche e lampadine verdi, mente lo scandio è la materia prima per i grandi impianti di illuminazione degli stadi sportivi.

All'inizio degli anni '90 Deng Xiaoping aveva proclamato che "le terre rare sono per la Cina quello che il petrolio é per il Medio-Oriente" ed attualmente nessuna delle grandi multinazionali, da Philips a Siemens, da Toyota a Nokia, da Hewlett Packard a Apple, fino a Sony e Canon, può produrre i propri dispositivi senza rifornirsi dalla Cina.

Le stime dicono che il 12% dei giacimenti è negli Stati Uniti, il 18% nell'ex Unione Sovietica, quantitativi minori sono sparsi in molti altri paesi e, a seconda delle stime, fra il 37% e il 58% risiede in Cina. Troviamo anche molte miniere in Afghanistan, ma i costi di estrazione delle terre rare è molto oneroso e non concorrenziale con quello cinese che le vende in tutto il mondo ad un prezzo decisamente basso.

Ma già dal 2009 la Cina ha diminuito in modo drastico le esportazioni di terre rare, dicendo che deve preservarle per ragioni ambientali e per le proprie esigenze.

Una situazione che preoccupa le industrie dell'alta tecnologia, in particolare il Giappone, verso il quale Pechino ha persino bloccato l'esportazione durante una disputa per la sovranità su un gruppo di isole. Ora Tokyo progetta riciclare le terre rare, come pure di cercare loro sostituti.

Stati Uniti, Australia e altri produttori avevano fermato l'estrazione perché non redditizia, di fronte all'economica produzione cinese. Ma ora è ripresa la ricerca e l'estrazione di questi minerali, anche se occorrerà tempo per raggiungere una produzione adeguata. E Pechino mostra tutte le intenzioni di far leva sul suo potere di mercato in questo campo, per obbligare il resto del mondo ad accettare le proprie condizioni: queste comportano non solo un trasferimento netto di capitali, ma anche di lavoro e soprattutto di segreti industriali dall'Occidente verso la Repubblica Popolare Cinese.

La Cina ha profuso enormi sforzi nella costruzione di una riserva strategica di terre rare. Non sono noti i dettagli del sito di stoccaggio ma, secondo quanto riferito dalle agenzie di stato cinesi e dalle dichiarazioni delle aziende statali e dai report dei media statali, sembrerebbe che il complesso sia stato costruito in una regione della Mongolia. Con una capacità di stoccaggio di terre rare che ammonta a più del totale di quanto esportato lo scorso anno dalla Cina (39.813 tonnellate) la riserva potrebbe avere la capacità di influenzare l'intero mercato globale, già ampiamente dominato dalla Cina, la quale, al giorno d'oggi, controlla più del 90% della produzione globale di terre rare.

Per tutte queste ragioni molti investitori vedono il settore come ricco di opportunità. Tuttavia, l'ostacolo più grande per chi vuole investire in terre rare è nel reperire informazioni affidabili e precise sull'argomento. Un primo piccolo aiuto viene dal cominciare a distinguere le terre rare, o RE (Rare Earths), o REE (Rare Earth Elements) o REM (Rare Earth Metals), in due categorie principali: le terre rare pesanti e le terre rare leggere.

Terre rare pesanti (HREE – heavy rare earth elements):

- ⚔ Ittrio, utilizzato per schermi, leghe e TV.

- ⚔ Terbio, utilizzato per laser, leghe e celle a combustibile.

- ⚔ Disprosio, utilizzato per laser e TV.

- ⚔ Olmio, utilizzato per laser.

- ⚔ Erbio, utilizzato per laser e acciai al vanadio.

- ⚔ Tulio, utilizzato come sorgente di raggi-X e per ceramiche.

- ⚔ Itterbio, utilizzato per laser a infrarossi e vetri ad alta reattività.

⚓ Lutezio, utilizzato per scanner PET e catalizzatori.

Terre rare leggere (LREE – light rare earth elements):

⚓ Samario, utilizzato per magneti, laser e luci.

⚓ Neodimio, utilizzato per magneti.

⚓ Lantanio, utilizzato per batterie ricaricabili.

⚓ Cerio, utilizzato per batterie, catalizzatori, produzione di vetri e acciai

⚓ Praseodimio, utilizzato per magneti e per colorare il vetro.

⚓ Scandio, utilizzato per per leghe di alluminio e nell'industria aerospaziale.

⚓ Europio, utilizzato per schermi TV.

⚓ Gadolinio, utilizzato per magneti e superconduttori.

⚓ Promezio, utilizzato per batterie nucleari.

Ciò detto, il nostro viaggio tra le terre rare non termina qui e, nei prossimi capitoli, parleremo dei più importanti di questi rari elementi.

RARO MA NON TROPPO

Quando siete davanti ad un bicchiere di rum e vi accingete a fumare il vostro sigaro cubano preferito non potete fare a meno, più o meno consapevolmente, del cerio, uno degli elementi delle terre rare.

Per la precisione, tutti gli accendisigari funzionano grazie a pietrine che scatenano scintille. Pietrine che vengono prodotte impiegando una lega, chiamata mischmetal, composta da cerio al 50%, da lantanio e in piccole percentuali da neodimio e praseodimio.

Ma il cerio, dall'aspetto abbastanza simile al ferro, trova impieghi anche nella produzione di leghe di alluminio, leghe di magnesio e in alcuni acciai.

Il cerio è un po' la pecora nera delle terre rare, dal momento che, tra queste, è l'elemento più abbondante sulla crosta terrestre. Un metallo che soffre ormai da tempo di un eccesso di offerta e i cui prezzi sono molto bassi, tanto da non garantire nemmeno i costi di separazione e purificazione.

Tuttavia, secondo il US Department of Energy's

Critical Materials Institute, la fortuna per questo metallo potrebbe arrivare da un nuovo tipo di processo per la produzione di nylon e stabilizzanti per PVC (prodotti indispensabili alla produzione di plastica), nel quale verrebbero impiegati come catalizzatori palladio e cerio.

Anche se la cosa è nelle prime fasi di sviluppo e, quindi, è difficile dire se avrà effetti sul mercato del cerio, l'idea è molto interessante.

Presto, il nuovo processo verrà spostato dai laboratori alla produzione vera e propria, dove ci sarà modo di misurare la portata di questa novità, che dovrebbe consentire una maggiore efficienza energetica e una riduzione dei consumi di idrogeno.

La Cina, sta abbandonando l'uso degli stabilizzanti al piombo per la produzione di PVC, creando l'opportunità a nuovi stabilizzanti, come quelli al cerio, di potersi affermare.

Ad oggi, l'abbondanza di scorte a livello mondiale di cerio, trattato anche come materiale di scarto, rende abbastanza improbabile che la nuova tecnologia possa avere qualche impatto sui prezzi nel breve termine. Le enormi scorte accumulate, in Cina e altrove, fanno pensare che ci vorranno molti anni prima che possano essere smaltite.

Non bisogna però dimenticare che i mercati globali del

nylon e degli stabilizzatori per PVC sono enormi e perciò hanno la capacità di amplificare rapidamente la domanda di cerio, cosa che potrebbe accadere nei prossimi anni.

IL METALLO NASCOSTO NELL'AUTO ELETTRICA

Il cuore di tutte le auto elettriche batte grazie ad un metallo pressoché sconosciuto ma dalle proprietà sorprendenti: il disprosio.

È assai probabile che soltanto leggendo queste righe, molte persone abbiano scoperto per la prima volta dell'esistenza del disprosio, un metallo che sta diventando sempre più importante nella produzione di molti dispositivi high-tech.

Il disprosio è una delle terre rare ed è stato scoperto nel lontano 1886 come impurità. Ma fino al 1950 non esisteva neanche un campione di disprosio puro. Il suo nome, derivante dal greco e che significa "difficile da raggiungere", la dice lunga circa la sua rarità.

Ha un aspetto argenteo-metallizzato brillante, una bassa tossicità e non se ne conosce alcun ruolo biologico.

Come gli altri lantanidi, 15 elementi chimici metallici

con numero atomico da 57 a 71, si trova nei depositi di monazite e bastnaesite, oltre che in minerali come la xenotime e la fergusonite.

Il suo impiego principale è nei magneti a base di neodimio, anche chiamati supermagneti. L'aggiunta di disprosio consente ai magneti di preservare il magnetismo anche alle temperature più elevate.

Qualcuno potrebbe pensare che un supermagnete sia una curiosità da laboratorio o un giocattolo istruttivo. Nella realtà, questo tipo di magneti è indispensabile per i motori e i generatori delle turbine eoliche e dei veicoli elettrici. Ma il disprosio viene impiegato anche nelle barre di controllo dei reattori nucleari, riuscendo ad assorbire facilmente neutroni senza gonfiarsi.

Purtroppo il disprosio sta diventando sempre più difficile da ottenere e ha costretto alcuni produttori di beni di consumo a ridurne le quantità usate. Ad esempio, nel 2013, Hitachi Metals ha ridotto l'uso di disprosio nei magneti NeoMAX, utilizzati nell'industria automobilistica.

Il disprosio, uno dei più costosi elementi delle terre rare pesanti, è fornito da un solo paese (la Cina), cosa che crea problemi di approvvigionamento e prezzi elevati.

Essendo il più grande produttore di terre rare a livello mondiale, non sorprende che la Cina sia anche il più grande produttore al mondo di disprosio. Anche se recentemente la stretta della Cina sul mercato delle terre rare si sta indebolendo, il paese fa ancora la parte del leone nella loro produzione.

Le preoccupazioni per la possibilità di una carenza di disprosio sono aumentate negli ultimi tempi, soprattutto a causa della forte domanda per i magneti necessari per la produzione di batterie per auto ibride ed elettriche e motori per turbine eoliche.

Come sanno gli investitori più informati, per i prossimi anni è previsto un deficit di disprosio, come per tutte le altre terre rare cosiddette pesanti. Motivo principale per il quale gli analisti prevedono che il prezzo di questo metallo sia destinato a salire.

TUTTI LO VOGLIONO...

Esiste un metallo nel mondo la cui domanda latente è enorme.

È un metallo "oscuro", del tutto sconosciuto alla maggior parte delle persone, di cui attualmente c'è una disponibilità inferiore alle dieci tonnellate per anno, in tutto il mondo.

Il metallo in questione è la scandio, scarso, costoso e impiegato sopratutto in campo militare, dove sono richieste prestazioni elevate.

Ma le cose stanno cambiando. Da metallo di nicchia, impiegato in piccolissimi volumi, nei prossimi anni potremmo assistere ad un impiego molto maggiore di scandio. Se emergesse una fonte efficiente di scandio, si aprirebbero due mercati enormi in grado di consumare il metallo su vasta scala: le celle a combustibile ad ossidi solidi e le leghe di alluminio allo scandio.

Negli ultimi 50 anni sono stati depositati decine di brevetti per materiali e tecnologie a base di scandio che stanno soltanto aspettando che questo metallo inizi a diventare disponibile.

Lo scandio, la cui esistenza era stata predetta da Dmitri Mendeleev nel 1860, è un elemento metallico morbido di colore argento. Qualche volta viene classificato tra le terre rare, poiché spesso viene ritrovato negli stessi depositi.

Le applicazioni di questo metallo sono fondamentalmente tre:

⚞ leghe di alluminio,

⚞ celle a combustibile solido (SOFC),

⚞ lampade, laser e schermi video.

Le leghe di alluminio allo scandio possono raddoppiare o triplicare la loro resistenza alla trazione, mantenendo la stessa malleabilità così utile per produrre elementi geometricamente complessi. Inoltre mantengono saldabilità e resistenza alla corrosione. La Russia, durante la Guerra Fredda, impiegava leghe di questo tipo nella produzione dei suoi jet da guerra MIG.

Le celle a combustibile funzionano convertendo ossigeno e una sorgente di combustibile in una corrente elettrica, acqua, anidride carbonica e calore. Per esempio, venivano usate dalla NASA americana come sorgente di alimentazione sulle astronavi.

Il migliore indicatore di quello che diventerà il mercato

dello scandio è il mercato dell'ittrio, il suo collega più vicino nella tavola periodica. I due metalli sono simili, tranne che per il fatto che lo scandio è enormemente più resistente al calore, ha una maggior conducibilità elettrica, proprietà ottiche superiori e, in lega con l'alluminio, fornisce prestazioni di altissimo livello.

Ma allora perché non viene impiegato lo scandio al posto dell'ittrio? La risposta è nel mercato: ci sono pochissime forniture di scandio e di conseguenza il suo costo è altissimo, 40 volte quello dell'ittrio, anche se sono richieste quantità piccolissime per avere un impatto trasformativo drammatico sulle prestazioni del materiale dove viene impiegato.

Perciò l'ittrio, il cui mercato attuale è di circa 3 miliardi di dollari, rischia seriamente di venire soppiantato, almeno in parte, dallo scandio.

La miccia di questo cambiamento è già accesa. Infatti sono stati rinvenuti nel New South Wales, in Australia, importanti depositi di scandio con un grado di purezza da tre a quattro volte superiori a quelli attualmente provenienti dai giacimenti russi. Nel giro di due anni la produzione di questi nuovi depositi sarà sul mercato e la maggior disponibilità renderà i costi del metallo più ragionevoli.

Un grosso cambiamento, che investirà non solo il

mercato dell'ittrio ma anche quello dell'alluminio. Molto presto, lo scandio sarà un metallo un po' meno sconosciuto.

LA CALAMITA CHE ROMPE LE OSSA

Quanta forza può avere un magnete? Può essere così forte da diventare pericoloso? Quando si parla di super magneti al neodimio le precauzioni non sono mai troppe...

Noto per essere uno dei magneti più potenti attualmente disponibili, il neodimio è un elemento appartenente alle terre rare.

I magneti (o calamite) al neodimio ferro-boro sono utilizzati in una vasta gamma di applicazioni tecnologiche moderne.

Il neodimio è stato scoperto nel 1885, dal chimico austriaco Carl Auer von Welsbach. La sua scoperta scatenò polemiche e scetticismi sul fatto che fosse o meno un metallo vero e proprio, dal momento che in natura esiste solo come didimio (miscela di praseodimio e neodimio). Ecco perchè si chiama neodimio, dal greco neos didymos, nuovo gemello.

È un metallo abbastanza comune, due volte più comune del piombo e circa la metà del rame. Viene estratto principalmente da due minerali, la monazite e bastnasite, ma è possibile ottenerlo anche come sottoprodotto della fissione nucleare.

Il neodimio ha proprietà magnetiche incredibili e per questo viene utilizzato per creare magneti che hanno una forza enorme. Di solito viene mescolato insieme a praseodimio e disprosio, quest'ultimo per migliorare la funzionalità dei magneti alle temperature più elevate.

La forza esercitata da una calamita al neodimio non è per nulla paragonabile a quella di altri tipi di magnete. Per questo motivo può essere pericoloso maneggiare questo tipo di calamite che, appena più grandi di un paio di centimetri cubici sono abbastanza forti da procurare lesioni a parti del corpo frapposte tra due magneti, causando anche la rottura delle ossa.

Questi magneti sono alla base della rivoluzione delle moderne tecnologie, come telefoni cellulari e computer. Infatti, grazie alla loro potenza, questi magneti prodotti in piccole dimensioni hanno reso possibile la miniaturizzazione dell'elettronica.

Per fare qualche esempio, le vibrazioni alle chiamate in arrivo di telefoni e smartphone, vengono prodotte grazie a questi magneti, mentre gli scanner MRI (la cosiddetta risonanza magnetica) per indagare gli organi interni del corpo umano senza impiegare radiazioni, sono anch'essi un'applicazione di questi magneti. Ma sono indispensabili anche al funzionamento dei moderni televisori, delle turbine eoliche e degli hard disk dei computer.

Attualmente la produzione cinese rappresenta il 95% della fornitura di terre rare nel mondo, neodimio compreso. Per un certo tempo, la Cina ha limitato la fornitura di terre rare al resto del mondo, sollevando le preoccupazioni della comunità internazionale, in quanto la domanda di questi metalli è in continuo aumento. Tuttavia, nel 2014, l'Organizzazione Mondiale del Commercio (WTO) ha condannato il comportamento della Cina e alla fine dello scorso anno il governo cinese ha dichiarato che le forniture sarebbero tornate alla normalità.

Molti osservatori sono scettici sul fatto che il flusso di fornitura di terre rare cinese riprenderà regolarmente e, fino a quando le compagnie minerarie al di fuori della Cina non riusciranno a sviluppare nuovi depositi, il rifornimento di neodimio rimarrà difficile e a rischio di interruzione.

Uno scenario visto positivamente dagli investitori in terre rare, dal momento che aiuterebbe una crescita dei prezzi. Esattamente il contrario di quello che sperano tutti i produttori di high tech.

LE AUTO AFFAMATE DI LANTANIO

La domanda mondiale di lantanio è prevista in aumento.

Le attuali batterie per automobili ibride utilizzano tra i 12 kg e i 15 kg di lantanio. Il mercato dei carburanti dei veicoli a motore continuerà a essere guidato da una benzina in aumento, così come il gasolio. Molte stime indicano che sarà necessario il doppio del lantanio attuale per far fronte alla domanda di veicoli ibridi che impiegheranno batterie elettriche per ridurre i consumi di benzina. Ma poiché il lantanio gioca un ruolo importante anche nelle telecomunicazioni e nel settore medico, la domanda per questo metallo nei prossimi anni dovrebbe rimanere molto forte.

Il lantanio è un metallo delle terre rare, appartenente alla categoria dei lantanidi. Ha molte applicazioni, come nei catalizzatori per le raffinerie di petrolio o nell'illuminazione al carbonio. Aggiunto in piccole quantità, può diminuire la durezza dei metalli duri come il molibdeno, la duttilità e la malleabilità negli acciai. Quando il lantanio viene aggiunto al vetro, migliora la resistenza agli alcali. Il lantanio è usato anche in particolari vetri ottici quali i vetri ad infrarossi e nelle lenti per macchine fotografiche e telescopi, nonché nelle fibre ottiche. Questa terra rara è anche una componente fondamentale nei laser laser, nelle batterie al nichel-idruro, nei computer portatili e in quasi tutti i dispositivi elettronici portatili. Viene anche utilizzato nelle celle a idrogeno nell'industria automobilistica.

Ad oggi, quasi il 100% del lantanio viene estratto in Cina, ma questo monopolio è assai recente. Infatti nel 2002 un gruppo ambientalista, con il presunto sostegno finanziario della Cina, è riuscito a sollevare grandi proteste negli Stati Uniti ed è riuscito ad ottenere la chiusura dei due più importanti produttori americani, che fino ad allora avevano fornito il 54% del fabbisogno degli Stati Uniti. Da allora, le forniture mondiali dipendono dalla Cina che, come con le altre terre rare e con i metalli rari, approfitta del monopolio per favorire le proprie industrie a scapito di quelle occidentali, limitando le esportazioni verso l'estero.

Molti oggetti che fanno parte del nostro quotidiano, contengono lantanio. Per esempio, i comuni accendini funzionano proprio grazie al lantanio. Infatti il mishmetal, la lega piroforica usato nelle pietre degli accendini, contiene dal 25% al 45% di lantanio.

La carenza di questo importante metallo è un rischio per lo sviluppo delle tecnologie verdi e la sua mancanza potrebbe influenzare anche la disponibilità di molte tecnologie sulle quali l'Occidente ha scommesso per il proprio futuro. Senza lantanio non avremo auto che non inquinano e l'unica magra consolazione sarebbe di vedere i fumatori con le sigarette spente.

METALLI VERDI PER RIDURRE I GAS SERRA

Una piccola start-up americana sta portando sul mercato una nuovissima tecnologia che permette di produrre metalli senza l'emissione di gas serra e a costi molto più economici. Potrebbe essere l'inizio di un grande cambiamento per svariati settori industriali e, naturalmente, per l'ambiente.

La produzione di metalli è una delle grandi fonti di emissioni di gas serra.

Una piccola società, nata nel 2008 e, da allora, in silenzioso lavoro, è pronta per portare sul mercato il suo prodotto più innovativo, costituito da un dispositivo che appare come un brillante tubo di ceramica, per produrre molti metalli in modo più pulito ed economico.

Infinum è una società che proviene dalla Boston University (Stati Uniti), il cui lavoro degli ultimi anni si è concentrato sulle cosiddette terre rare, che comprendono metalli come il neodimio e il disprosio, metalli impiegati nella produzione di potenti magneti che possono lavorare anche a temperature elevate. Ma la nuova tecnologia delle Infinium può essere usata per produrre altri metalli, come il magnesio e l'alluminio.

Il nuovo processo della Infinium affronta una parte specifica della produzione di metalli: la trasformazione dei minerali, parzialmente lavorati e sotto forma di ossidi, in metalli.

La nuova tecnologia può ridurre i costi di lavorazione dal 30 al 50%.

Un processo che tradizionalmente può essere fatto immergendo gli ossidi in un bagno di sali fusi attraversato da corrente elettrica. A parte le emissioni associate con la generazione della corrente elettrica, questo processo rilascia grandi quantità di gas serra. Infatti uno degli elettrodi è generalmente costituito da carbonio che, reagendo con l'ossigeno, produce biossido di carbonio.

Il nuovo materiale ceramico, in ossido di zirconio, sostituisce l'elettrodo di carbonio eliminando completamente le emissioni inquinanti.

La Infinium ha appena avviato la produzione utilizzando una macchina che produce mezza tonnellata di terre rare all'anno e a settembre entrerà in funzione un'altra macchina in grado di produrre 10 tonnellate l'anno. Lo stesso processo funziona anche per alluminio, magnesio, titanio e silicio, metalli per i quali l'azienda prevede di avviare la produzione con la nuova tecnologia entro il 2016.

Naturalmente, il processo della Infinium non è una panacea a tutti i problemi ambientali connessi con la produzione di metallo. Infatti, non affronta l'inquinamento da estrazione o da separazione degli ossidi delle terre rare da altri materiali contenuti nel minerale, ma è un passo considerato dagli esperti molto importante, soprattutto nel momento in cui verrà replicato in vasta scala sui più importanti impianti produttivi del mondo.

Altrettanto importante l'aspetto economico: secondo Infinium la nuova tecnologia può ridurre i costi di lavorazione dal 30 al 50%.

Rendere questi metalli molto più economici potrebbe, per esempio, fare decollare in breve tempo il mercato delle auto elettriche, con evidenti ricadute positive per quanto riguarda gli aspetti ambientali globali. Per non parlare della maggior convenienza di usare metalli leggeri in sostituzione dell'acciaio nelle automobili, con un risparmio di peso che porterebbe a ridurre il consumo di carburante almeno del 10 per cento%.

Trovare un'alternativa al carbonio è stato a lungo il

"sogno proibito" di tutta l'industria dei metalli e la tecnologia Infinium ha tutte le caratteristiche per riuscire a realizzare questo sogno

METALLI RARI

TUNGSTENO

Il tungsteno è indispensabile per la lavorazione dei metalli e quindi per tutta l'industria mondiale ma secondo importanti investitori è anche una grossa opportunità per i prossimi anni.

Il minerale del tungsteno fu scoperto nel 18° secolo in Svezia e da allora è presente in moltissimi oggetti di uso comune, dagli utensili per tagliare i metalli ai filamenti delle lampadine. Quando nel 1781, Carl Wilhelm Scheele pubblicò i risultati ottenuti sul minerale scoperto, venne chiamato tungsteno che in svedese significa pietra pesante.

Il tungsteno viene estratto in varie regioni del mondo, ma la Cina detiene il primo posto della produzione mondiale con il 75%. Gli altri paesi che lo producono sono Austria, Bolivia, Canada, Perù, Portogallo, Russia, Thailandia e molti paesi africani.

I depositi del minerale sono presenti, per esempio, nelle zone dove le placche tettoniche si sono scontrate per formare delle montagne. La disponibilità di tungsteno è perciò assai elevata, anche se non è per nulla facilmente accessibile. L'economicità dell'estrazione del tungsteno, dipende in larga misura dall'andamento a lungo termine dei prezzi.

Le applicazioni del tungsteno sono molto varie poiché la durezza è una delle sue caratteristiche principali, rendendolo prezioso per poter plasmare quasi tutti i materiali, dai metalli alle plastiche ed alle ceramiche. Circa i due terzi del tungsteno prodotto nel mondo, viene impiegato nel carburo cementato e in molte applicazioni in campo edile e chimico. Ma lo possiamo trovare anche in apparecchi che circondano la nostra vita quotidiana: dispositivi per la vibrazioni dei telefoni cellulari, filamenti delle lampadine ad incandescenza e pannelli solari.

Esistono alcune società, quotate in borsa, che sono impegnate in questo settore strategico e le cui prospettive di sviluppo nei prossimi anni sembrano assai promettenti:

Woulfe Mining è la società che ha visto recentemente entrare tra i propri azionisti il famoso magnate Warren Buffett, con una quota del 25%, impegnata in un importante progetto in Corea del Sud.

La EMC Metals detiene la miniera di Springer, in Nevada (Stati Uniti), storicamente detenuta e gestita dalla General Electric, che fu costretta a chiuderla a causa dei prezzi troppo bassi.

Largo Resource Ltd è una società canadese che nel 2012 ha prodotto 23.000 tonnellate di concentrato di tungsteno e che prevede di produrne 42.000 nei prossimi anni.

MOLIBDENO

Un metallo, pressoché sconosciuto al grande pubblico, la cui domanda è prevista in aumento in linea con la crescita delle economie dei paesi emergenti.

Provate a chiedere a chiunque, che cosa sia il nichel. Probabilmente vi risponderà senza esitazione che si tratta di un metallo, lucido e dal colore argento. Ma se farete la stessa domanda sul molibdeno non otterrete risposte, ma semplicemente sguardi fissi nel vuoto.

Effettivamente il molibdeno non è un metallo che da solo è presente in natura. Si trova in combinazione con altri composti. Il suo utilizzo principale, come parte del processo di produzione dell'acciaio, è in realtà poco visibile. Ciò non vuol dire che il molibdeno non sia importante. Tutt'altro: l'acciaio diventa molto più duro e altamente resistente al calore e alla ruggine con l'aggiunta di una piccola quantità di molibdeno.

Se prendiamo come esempio un moderno autoveicolo, il cui peso varia dai 3.000 ai 5.500 chilogrammi, il contenuto di molibdeno non supera il mezzo chilogrammo.

Il molibdeno fu scoperto nel 1778, ma non vide significativi impieghi industriali fino alla fine del 20° secolo, quando fu impiegato nei filamenti delle lampadina. La domanda di metallo subì un'impennata durante le due guerre mondiali, quando venne utilizzato per rendere più resistenti le corazze dei carri armati.

Il molibdeno è spesso estratto come un sottoprodotto del rame, ma esistono anche miniere che hanno concentrazioni molto alte di metallo. Ad esempio, la Climax Molybdenum gestisce due miniere di molibdeno in Colorado (USA). L'azienda dichiara che da circa una tonnellata di minerale, riesce ad estrarre circa dai 2 ai 3 kg di molibdeno.

Il molibdeno (o moly, come viene spesso chiamato) è in quasi tutti i tipi di acciaio, negli acciai inox, nelle ghise e nelle superleghe, impiegate comunemente negli aerei, turbine e altri ambienti con alte temperature e soggetti agli alti sforzi. Possiede un elevato punto di fusione (2,623 °C) e mantiene dimensione e forma anche quando esposto a temperature elevate. Grazie a queste caratteristiche, ci sono pochissimi sostituti per il molibdeno come agente legante per l'acciaio.

Secondo la International Molybdenum Association, circa l'80% del molibdeno che viene estratto ogni anno, va negli acciai. Il rimanente è utilizzato in prodotti chimici, in particolare lubrificanti e vernici. Viene anche usato nelle raffinerie di petrolio, per la precisione nei catalizzatori per ridurre la quantità di zolfo nella benzina e nel combustibile diesel.

Nel 2011, la produzione mondiale di molibdeno è stato di circa 250.000 tonnellate, circa il 3% in più rispetto al 2010 e circa il 13% superiore rispetto al 2009. La domanda è rimasta forte nonostante una serie di turbolenze economiche, tra cui la crisi del debito dell'eurozona e le preoccupazioni per un rallentamento cinese, anche se l'eccesso di offerta potrebbe pesare sui prezzi del molibdeno nei prossimi anni.

Ad oggi, la produzione di molibdeno è suddivisa tra il Nord America, la Cina e il Sud America, che rappresentano il 33%, il 31% e il 29% della produzione annuale.

La domanda di molibdeno è prevista in crescita nei prossimi anni, in considerazione dello sviluppo urbanistico di tutti i paese del BRIC (Brasile, Russia, India e Cina). A lungo termine, l'adozione di tecnologie più avanzate, genererà una maggiore necessità di superleghe e di acciai ad alte prestazioni, per i quali il molibdeno è indispensabile.

Il molibdeno riveste un ruolo importante anche nel settore energetico, poiché viene usato in notevoli quantità negli oleodotti e gasdotti, oltre che negli acciai ad alte prestazioni per le centrali nucleari.

IL METALLO LIQUIDO

Se guardando il film "Terminator" avete pensato che nella realtà un robot metallico non sarebbe in grado di sciogliersi, non conoscete il gallio, un metallo raro dalle proprietà sorprendenti.

Il gallio è un metallo sconosciuto alla maggior parte delle persone, così come lo sono le sue strane proprietà: è un metallo liquido (a temperatura ambiente) e veniva usato nelle prime bombe atomiche per stabilizzare il plutonio.

Il gallio è un metallo scarso, ma è più abbondante di metalli meglio conosciuti come per esempio antimonio, molibdeno, tungsteno e argento ma, a differenza di questi elementi, il gallio non si trova in concentrazioni economiche nei minerali naturali. Le due fonti principali di gallio commerciale sono la sua estrazione durante la produzione di allumina (dalla bauxite) e dai residui derivanti dagli ossidi di zinco prima dell'elettrolisi.

Gran parte della produzione di gallio puro è in Cina, Germania e Kazakistan. Una percentuale significativa proviene dalla produzione secondaria, in particolare dal riciclaggio dei wafer all'arseniuro di gallio (usati per produrre i circuiti integrati). I principali centri della produzione secondaria sono il Giappone e il Nord America. La produzione globale annua di gallio è stimata intorno alle 215 tonnellate (anno 2011), quando soltanto nel 1986 la produzione era di sole 40 tonnellate.

Il mercato di questo metallo si è evoluto notevolmente negli ultimi 2-3 anni, con prezzi che hanno risentito della recessione mondiale e del rallentamento di tutto il settore dei pannelli solari. Ormai i prezzi del gallio sono assai vicini ai costi di produzione. Tuttavia, con una domanda guidata principalmente dai diodi ad emissione luminosa (LED), utilizzati negli iPad, telefoni cellulari e negli schermi dei televisori, molti analisti pensano che a fine 2012 la richiesta dovrebbe riprendere a crescere.

I prezzi del gallio sono raddoppiati tra la fine del 2009 e la metà del 2011, ma a differenza dei metalli preziosi che sono molto correlati con i mercati finanziari, i metalli rari seguono la curva industriale della domanda e dell'offerta. Con la Cina che raffina circa il 70% del gallio mondiale e che ha contingentato le quantità per le esportazioni, molti investitori stanno scommettendo sul gallio come metallo che sarà trainato al rialzo dalla crescita della domanda, compresa quella alimentata dalle tecnologie verdi.

TUTTO, MA PROPRIO TUTTO SUL MAGNESIO

La scienza dei materiali sta facendo inesorabilmente grandi passi in avanti e sta creando il terreno migliore per grandi scoperte scientifiche.

Dovendo concentrare l'attenzione su un metallo che potrebbe rivestire il ruolo di protagonista tra i materiali che avranno un impatto sostanziale sulla qualità della nostra vita nel futuro, non ci sono molti dubbi su quale sarebbe la scelta: il magnesio, il metallo più disponibile e più leggero che si conosca, il 75% più leggero dell'acciaio e il 33% più leggero dell'alluminio.

Anche se il magnesio è un metallo poco esotico e non troppo sconosciuto, come per esempio lo sono invece lo scandio o il litio o il titanio, ciò non significa che le sue proprietà non siano straordinariamente utili per garantire sviluppi tecnologici sostanziali in un futuro non troppo lontano.

Perciò, conoscere un po' più a fondo questo metallo non è certo una cattiva idea.

Secondo gli storici i primi utilizzi del magnesio risalgono addirittura all'antica Grecia ma la produzione in quantità commerciali arrivò soltanto nel 1886, in Germania. È l'ottavo elemento più abbondante sulla crosta terrestre ed è presente in molti minerali di cui quelli più importanti da un punto di vista commerciale sono la dolomite, la magnesite, il talco, la carnalite, la brucite e l'olivina.

IL MERCATO

La produzione di composti di magnesio è cresciuta ad un ritmo di poco inferiore al 6% nel periodo 2002-2014, mentre la domanda è cresciuta a un ritmo leggermente più veloce. Un tasso di crescita di tutto rispetto ma meno forte di quanto avrebbe potuto essere senza il rallentamento nei mercati emergenti.

La Cina controlla il mercato del magnesio globale, con quasi l'80% di tutta la produzione. Una situazione dovuta soprattutto alla disponibilità di abbondante manodopera a basso costo, alle norme ambientali permissive e a processi di lavorazione molto economici.

Il mercato dei composti di magnesio è stimato in poco più di 7 milioni di tonnellate, secondo i dati 2014 del

U.S. Geological Survey (USGS), con impieghi assai vasti che comprendono leghe, fertilizzanti, refrattari, ritardanti di fiamma e depurazione delle acque.

Ma il mercato attualmente più importante per questo metallo sono le leghe di alluminio per pressofusione, che assorbono i due terzi di tutto il magnesio metallico.

Secondo un rapporto della United States Automotive Materials Partnership, un'associazione tra GM, Ford e Chrysler, entro il 2020 su ogni veicolo circolante 110 chilogrammi di magnesio sostituiranno 230 chilogrammi di acciaio e 40 chilogrammi di magnesio sostituiranno 60 chilogrammi di alluminio, con una conseguente riduzione di peso complessivo del 15%.

Naturalmente, i tassi di crescita nel settore automobilistico sono un fattore chiave per maggiori consumi di magnesio nel futuro. Se la domanda di automobili mondiali dovesse crescere in linea con la crescita del PIL, sarebbe ragionevole pensare che la domanda di magnesio potesse seguire questa crescita.

Il secondo uso principale del magnesio è nei refrattari, direttamente correlato alla produzione di acciaio. Infatti, l'alto punto di fusione e la sua capacità di rimuovere lo zolfo dall'acciaio, rendono il magnesio indispensabile per la produzione siderurgica. Secondo una stima della Roskill, per ogni tonnellata di acciaio prodotta vengono impiegati 50 grammi di magnesio. Anche in questo caso, una buona parte del destino della crescita della domanda di acciaio è legata alla crescita della Cina, uno dei principali consumatori mondiali.

I PREZZI

Parlando di prezzi, come avviene anche per altri metalli industriali, non esiste un mercato ufficiale del magnesio. Il prezzo dei vari composti di magnesio viene determinato sulla base degli accordi tra produttori e consumatori. In altre parole, i prezzi vengono fissati con "una stretta di mano" e ciò li rende particolarmente poco trasparenti. I livelli indicativi più affidabili sono il prezzo del magnesio 99,8% cinese all'esportazione e il prezzo europeo franco Rotterdam.

Grazie alla sua diffusione sulla crosta terrestre (il magnesio è dappertutto, anche nell'acqua di mare) e ai suoi molteplici utilizzi, in forma metallica e in forma composta, esiste un numero elevato di aziende, sia pubbliche che private, che partecipano al mercato.

La Cina riveste una posizione dominante, con almeno 50 aziende cinesi coinvolte nel business del magnesio, l'80% delle quali sono dislocate nelle provincie di Shaanxi e di Shanxi. Il più grande produttore di magnesio della Cina è Shanxi Yinguang Magnesium

Industry Group Co.

Al di fuori della Cina, secondo una stima di Bloomberg, esistono 52 aziende che operano nel settore.

Alzando lo sguardo verso il futuro, è assai probabile che la struttura del mercato subirà significativi cambiamenti, dal momento che il governo cinese sta dedicando un'attenzione crescente alle problematiche ambientali, con la conseguenza che molte aziende del settore potrebbero essere costrette a chiudere nei prossimi anni. Un fattore che influirà sulle forniture globali di magnesio in un futuro non troppo lontano.

UNA NUOVA FONTE DI ENERGIA: IL VANADIO

Tra le nuove fonti di energia alternativa spiccano le batterie al vanadio, grossi contenitori di energia in grado di soddisfare i fabbisogni energetici di interi edifici.

Non tutti sanno che presto potremmo assistere ad una rivoluzione del settore energetico, grazie alla nuova tecnologia delle batterie di flusso al vanadio, contenitori di energia per interi edifici e per veicoli elettrici.

La nuova tecnologia si basa su dispositivi che utilizzano una metallo del tutto nuovo per questi impieghi: il vanadio.

Il vanadio, un metallo di transizione di colore argento, viene attualmente utilizzato per galvanizzare l'acciaio, processo che lo rende più leggero e più resistente. Ma l'avvento della tecnologia delle batterie al vanadio potrebbe cambiare rapidamente questo panorama, portando ad una crescita molto rapida del mercato.

Questo metallo non si trova in natura, ma viene prodotto da altri minerali. La Cina, la Russia e il Sud Africa sono considerati i leader nella produzione mondiale. Nel 2013, la Cina rappresentava circa il 53% di tutta la produzione, seguita a distanza dal Sud Africa (23%), mentre la Russia ne produceva circa il 10%.

L'impianto che ne produce di più nel mondo è quello sudafricano Bushveld Complex, che da solo soddisfa il 23% dell'offerta globale.

Questo metallo viene tradizionalmente usato per produrre il ferro-vanadio, una ferrolega utilizzata come additivo per rendere l'acciaio più leggero e resistente alla corrosione e agli sforzi meccanici. I principali prodotti che lo contengono sono i componenti per aeroplani, alberi meccanici, assali e ingranaggi vari. Con soltanto lo 0,1% di vanadio la resistenza dell'acciaio raddoppia. Per questi motivi l'industria siderurgica ne consuma l'85% di tutta la produzione, di cui la metà finisce per la costruzione di oleodotti e condutture varie.

Dall'inizio del 21° secolo la domanda di vanadio è cresciuta costantemente, con una lieve flessione del 15% nel 2009.

Nel 2012 il mondo ha consumato circa 80.000 tonnellate di metallo e, secondo Roskill, la domanda aumenterà di circa 28.000 tonnellate tra il 2012 e il 2017, in gran parte dovuto ad un aumento della produzione di acciaio per il settore edile.

La Cina, il più grande produttore di vanadio, è anche il più grande utilizzatore. Nel paese si pensa che la domanda di questo metallo aumenterà di oltre il 40%.

Per tutti questi motivi, gli osservatori guardano con interesse e preoccupazione all'avvento della nuova tecnologia delle batterie di flusso al vanadio redox. Anche se resta ancora da lavorare per rendere questa tecnologia sfruttabile su scala commerciale, la strada sembra ormai tracciata e, presto, ad alimentare la domanda di vanadio mondiale ci sarà un nuovo attore.

E proprio la preoccupazione di poter disporre di fonti affidabili e stabili è il principale nemico della nuova tecnologia. Molti ritengono che non appena le batterie al vanadio saranno disponibili, emergerà drammaticamente il problema della carenza di vanadio, che si trasformerà in un aumento dei prezzi tale da rendere poco conveniente l'impiego di queste batterie.

Comunque la si guardi, il futuro per i produttori di vanadio sembra ricco di sorprese positive.

MATERIALI DEL FUTURO: LA MOLIBDENITE

Una recente scoperta colloca la molibdenite tra i materiali che potrebbero permettere lo sviluppo di alcune tra le più avveniristiche tecnologie.

Durante lo scorso secolo, il primato per il materiale che più ha contribuito a rivoluzionare il modo di vivere del genere umano, a detta di molti, è da assegnare alla plastica. Nel nuovo secolo, quali saranno i materiali candidati all'Oscar dell'innovazione?

Probabilmente, almeno allo stato attuale delle scoperte scientifiche, due materiali si contendono il primato: il grafene e la molibdenite.

Del primo se ne è parlato molto, sia in questo blog che su alcuni mass-media, molto meno invece della molibdenite.

Molibdenite è il nome assegnato al disolfuro di molibdeno che sta guadagnando una sempre maggiore

METALLI RARI – Gli ingredienti segreti del nostro futuro

attenzione da parte dei ricercatori, grazie alle sue proprietà che riescono a migliorare, per esempio, le fotocamere digitali e le batterie agli ioni di sodio.

In parole povere, la molibdenite è un materiale bidimensionale con uno spessore che può arrivare a pochi nanometri. Un po' come il grafene con le sue caratteristiche che hanno dello straordinario: conduttore di energia elettrica migliore del rame, impermeabile ai gas e 200 volte più forte dell'acciaio, ma sei volte più leggero.

Qualcuno ha definito la molibdenite un possibile rivale del grafene.

Ma, fino ad oggi, nessuno era mai riuscito a misurare la conducibilità termica della molibdenite. Come spiegano gli esperti, la conducibilità termica è un parametro cruciale per valutare un materiale da impiegare in elettronica.

Angela Hight Walker e il suo team di ricercatori, del Physical Measurement Laboratory's Semiconductor and Dimensional Metrology Division (Stati Uniti), hanno scoperto come misurare la conducibilità termica della molibdenite usando una tecnica chiamata spettroscopia Raman. In tal modo hanno scoperto che la molibdenite è circa cento volte meno efficiente nel condurre il calore del grafene.

Alcune applicazioni specifiche per il nuovo materiale sono già pronte: nuove generazioni di elettrodi per le batterie agli ioni di litio e le tecnologie per la scissione dell'acqua (cioè la separazione di ossigeno e idrogeno), indispensabile per alimentare un'economia basata sull'idrogeno.

Il futuro ha sicuramente in serbo affascinanti sorprese per l'impiego di questo materiale, di cui sentiremo ancora parlare.

TELLURIO, UNA POLVERE ARRIVATA DALLE STELLE

La scoperta di tellurio sulle stelle, potrebbe svelare l'origine di questo metallo raro sul nostro pianeta. Per i geologi sarebbe un aiuto per trovare nuovi giacimenti con cui far fronte alla crescente domanda mondiale.

Gli scienziati stanno cercando di capire come il tellurio si possa essere formato sulla Terra, soprattutto grazie alla scoperta di circa un anno fa, di tracce di questo metallo su tre stelle vecchie di 12 miliardi di anni.

Erroneamente, molte persone si sono fatte l'opinione che gli elementi più rari del nostro pianeta siano le terre rare, ma in realtà il tellurio è molto più raro.

È più scarso dell'oro e di qualsiasi tra i 17 elementi che compongono le terre rare, avendo una densità sulla crosta terrestre di appena 0,001 parti per milione (ppm).

Inoltre il panorama minerario mondiale vede una manciata di paesi con delle riserve di tellurio e tra questi paesi soltanto alcuni, tre per l'esattezza, lo estraggono e lo raffinano per soddisfare la domanda mondiale, dovuta soprattutto al suo utilizzo nei semiconduttori, nei pannelli fotovoltaici e in lega con altri metalli.

La Svezia possiede molte riserve e per molti anni ha contribuito significativamente alla produzione mondiale. La miniera d'oro di Kankberg, gestita dalla Boliden, ha fornito la quantità maggiore di tellurio, incrementandola negli ultimi dieci anni. Secondo le dichiarazioni della società, durante lo scorso anno, sono state prodotte 41 tonnellate di tellurio, che rappresentano poco meno del 10% della produzione globale.

Il Canada ha riserve stimate di 800 tonnellate e ha recentemente manifestato la volontà di esplorare altre zone del paese alla ricerca del minerale. Le riserve canadesi contengono tellurio insieme a rame e oro.

La Cina è il terzo, e ultimo paese, che fornisce tellurio al mercato globale. Sichuan Apollo Solar S & T Co. (interamente controllata dalla Apollo Solar), con sede a Chengdu, nella provincia di Sichuan, è la principale società mineraria che estrae e raffina questo metallo. Possiede una miniera a Dashuigou, nella provincia del Sichuan, ed un'altra a Majiagou. Quest'ultime due miniere sono le uniche al mondo che producono esclusivamente tellurio come prodotto primario.

PERCHÈ NON POSSIAMO FARE A MENO DEL COBALTO

I numerosi impieghi di questo metallo, lo rendono indispensabile per la nostra civiltà e, al momento, non esistono valide alternative per sostituirlo.

Il cobalto è un metallo conosciuto fin dai tempi degli antichi egizi, che lo impiegavano nel 2000 a.c. come colorante e, ancor oggi, è tra i minerali più importanti per l'uomo.

La sua capacità di mantenere la propria resistenza anche alle alte temperature, lo rende ideale per la produzione di utensili da taglio, super-leghe, rivestimenti superficiali, acciai speciali e per molte altre applicazioni. Il metallo è anche un elemento essenziale nel metabolismo degli esseri umani e di molti animali; per esempio viene utilizzato anche nel concimare terreni poveri di cobalto per prevenire la malattia del dimagrimento negli animali da pascolo.

Una delle principali applicazioni del cobalto è nelle batterie ricaricabili, la cui domanda è aumentata notevolmente nel corso degli ultimi venti anni. Se si pensa che a metà degli anni '90, solo l'uno per cento del cobalto estratto veniva impiegato in elettronica e lo si confronta con oggi, dove viene impiegato circa il 35%, si comprende meglio il trend di crescita nell'utilizzo di questo metallo. La quantità di cobalto impiegata in elettronica è destinata a salire anche durante i prossimi anni, a causa dell'aumento della domanda di telefoni cellulari, auto elettriche e tutti quei dispositivi che necessitano di batterie ricaricabili.

Le prime versioni di batterie al nichel o di batterie al litio, avevano problemi di scarsa durata le prime e di eccessiva reattività le seconde (le batterie si incendiavano). L'aggiunta di cobalto ha permesso di risolvere molti di questi problemi e le batterie al litio, per esempio, contengono fino al 60% di cobalto per ogni cella.

Infine una curiosità. Esiste un isotopo del cobalto, chiamato cobalto60, che è un potente emettitore di raggi gamma e per questo motivo viene impiegato in alcune armi nucleari per aumentare le radiazioni nell'ambiente attraverso il cosiddetto fall-out, la ricaduta radioattiva sotto forma di cenere e pulviscolo.

L'aumento della domanda di dispositivi elettronici

basati su batterie ricaricabili, ha portato a forti aumenti delle quotazioni del cobalto negli ultimi 10 anni. Nonostante gli sforzi di trovare qualche sostituto del cobalto per far fronte ad una domanda in rapida crescita, gli addetti ai lavori prevedono che la domanda di minerale aumenterà drasticamente nel prossimo decennio.

PERCHÈ NON POSSIAMO FARE A MENO DELL'AFNIO

L'afnio, metallo raro derivante dallo zirconio, potrebbe presto sostituire il silicio nella produzione di microprocessori.

Se sapete cosa è l'afnio, o siete un perito metallurgico o la vostra memoria della tavola periodica degli elementi è paragonabile a quella di Giovanni Pico della Mirandola!

Per la maggior parte delle persone il nome e gli impieghi di questo elemento sono totalmente sconosciuti, anche se moltissimi oggetti che fanno parte della nostra quotidianità non potrebbero esistere senza l'impiego di questo metallo raro.

Per le sue proprietà uniche, l'afnio è impiegato in molti processi industriali. È altamente resistente alla corrosione perché forma un film di ossido sulla superficie, può essere in lega con altri metalli per creare super-leghe, è duttile, ha una buona capacità di assorbire neutroni, è resistente agli acidi e alle basi ed ha un punto di fusione ed ebollizione molto elevato. Non è tossico nella sua forma elementare e si può incendiare quando è in polvere.

Viene utilizzato in una varietà di applicazioni industriali e tecnologiche, tra cui:

- ⚔ Reattori nucleari
- ⚔ Filamenti delle lampadina
- ⚔ Motori a reazione
- ⚔ Microprocessori

La domanda mondiale di afnio è in costante aumento, anche perché, nella maggior parte dei casi, non esiste alcun sostituto.

L'afnio non si trova libero in natura, ma si trova nei depositi di zirconio in percentuali che vanno dall'uno al tre percento. Di solito è un sottoprodotto della produzione di zirconio. Sia l'afnio che lo zirconio sono utilizzati nella produzione nucleare, il primo nelle barre di controllo per evitare la fuoriuscita di neutroni, il secondo nelle barre di combustibile per condurre neutroni in modo rapido ed efficiente.

L'afnio è relativamente abbondante nella crosta terrestre, ma a causa delle difficoltà di produzione, la quantità disponibile resta assai limitata, con prezzi

113

elevati. La domanda di afnio è alta per le sue qualità uniche e per le numerose applicazioni industriali.

L'ENERGIA NUCLEARE ALTERNATIVA DEL TORIO

Il torio, un metallo leggermente radioattivo presente nelle rocce e nei terreni, promette di essere un valido sostituto dell'uranio, più abbondante, più sicuro e più economico.

In tutto il mondo i consumi di energia nucleare sono in aumento, mentre le forniture future di uranio rimangono assai incerte.

Tuttavia, esiste un metallo leggermente radioattivo, che potrebbe essere un valido sostituto dell'uranio: il torio.

Il torio è molto più abbondante sulla crosta terrestre del suo omologo radioattivo ed è considerato un'alternativa sicura ed abbondante dell'uranio, con un costo assai ragionevole.

Per questo motivo, alcuni paesi con grandi fabbisogni di energia, come Cina e India, si stanno interessando a questa forma di energia nucleare alternativa ormai da decenni.

Nel 2013, la società norvegese Thor Energy ha iniziato a produrre energia dal torio con un reattore nucleare sperimentale a Halden, in Norvegia. La stessa società ha creato un consorzio internazionale, di cui fa parte anche il gigante nucleare Westinghouse e una divisione della Toshiba, per finanziare e gestire ricerche sulla nuova fonte energetica.

Oltre a Thor Energy, altre aziende statunitensi, australiane e cecoslovacche si sono impegnate nella ricerca sul torio come valida alternativa all'uranio. Tuttavia, Thor Energy è stata la prima ad iniziare a produrre energia nucleare utilizzando torio.

A differenza dell'uranio, il torio non è in grado di sviluppare una reazione nucleare a catena, cioè, in termini scientifici, non è fissile. Tuttavia, se è bombardato da neutroni di un combustibile fissile, come per esempio l'uranio-235 o il plutonio-239, si converte in uranio-233, un combustibile nucleare eccellente. Una volta avviato il processo, questo diventa autonomo con la fissione dell'uranio-235 dal torio. Come è facile immaginare, i dettagli del meccanismo sono molto più articolati e complessi di quanto riassunto in poche righe, ma tanto basta per avere un'idea della differenza tra uranio e torio nella produzione di energia nucleare.

116

Il fatto che il torio non sia fissile da solo, riguarda un aspetto molto importante in termini di sicurezza: le reazioni nucleari possono essere interrotte in caso di emergenza.

Ma le caratteristiche che rendono così attraente l'uso del torio al posto dell'uranio, sono certamente la sua abbondanza (ne esiste anche in Italia) e la sua economicità. Il torio è presente in piccole quantità in terreni e rocce un po' ovunque e si stima che sia 4 volte più abbondante dell'uranio. Secondo Reuters, le più grandi riserve di torio nel mondo si trovano in Cina, Australia, Stati Uniti, Turchia, India e Norvegia.

Inoltre, durante una reazione nucleare alimentata da torio, la maggior parte del metallo si consuma e, quindi, vengono creati meno rifiuti nucleari. Le uniche scorie che rimangono, diventano non pericolose dopo soli 30 anni, quando i più pericolosi tra i rifiuti nucleari odierni devono essere conservati al sicuro per 10.000 anni.

Ma c'è di più. Il torio potrebbe consentire a paesi come l'Iran e la Corea del Nord di usufruire di energia nucleare senza preoccupare il resto del mondo circa la sviluppo segreto di armi nucleari.

Anche se riuscire ad estrarre energia dal torio in un modo economicamente efficace rimane ancora una sfida che richiederà grandi sforzi in ricerca e sviluppo, questo metallo pressoché sconosciuto potrebbe essere l'ingrediente essenziale nella lotta contro la minaccia mondiale delle emissioni delle centrali elettriche a carbone e la chiave per entrare in una nuova era energetica.

LITIO PER LA TERZA RIVOLUZIONE INDUSTRIALE

Il materiale che potrebbe rivoluzionare tutto il moderno sistema dei trasporti e dell'elettronica portatile, rimane pressochè sconosciuto al grande pubblico.

Il litio sarà il motore della terza rivoluzione industriale? La domanda prende spunto dal fervore che circonda il mercato del litio, soprattutto per gli impieghi sui veicoli elettrici.

Ma il mercato dei veicoli elettrici e dell'elettronica di consumo, oltre ad essere il più visibile per l'interesse della stampa internazionale, è soltanto la punta dell'iceberg per le applicazioni ed i settori che sono interessati al litio. Per esempio, ceramiche, lubrificanti e vetro costituiscono oltre il 40% della domanda totale di litio.

Il mercato dei veicoli elettrici dovrà superare ancora parecchie barriere prima di diventare il principale motore per la domanda di litio. Molti osservatori pensano che ci vorranno alcuni decenni prima che il settore possa realizzare il suo pieno potenziale. I costi dei veicoli elettrici hanno imboccato la strada della discesa e parallelamente stanno emergendo nuove scoperte tecnologiche nel settore delle batterie. Presto, le strutture per la conservazione dell'energia, come depositi di stoccaggio e stazioni di rifornimento, diventeranno onnipresenti.

I nuovi modelli di business per i produttori di batterie, sono nella direzione di reti di stoccaggio e di accumulo dell'energia elettrica, per poter fornire agli utenti privati, alle industrie e anche ai governi di tutto il mondo, il bene indispensabile alla nostra società: l'energia. Molti laboratori di ricerca stanno lavorando intensamente per ottenere energia in modo efficace e a bassi costi. Il litio è il metallo chiave per molti di questi progetti.

Studi statistici recenti, hanno mostrato che il mercato del litio non dovrebbe avere problemi di fornitura per almeno i prossimi 100 anni.

Il mercato è dominato da quattro principali attori, Rockwood Holdings, FMC, Sociedad Quimica y Minera e Talison Lithium, alle prese con un mercato sovraffollato e un eccesso di offerta nel breve termine. Ma nei prossimi anni la situazione potrebbe subire drastici cambiamenti se il fabbisogno mondiale continuerà a crescere. In Europa, per esempio, non vi sono importanti giacimenti di litio, escludendo due piccoli in Finlandia e Austria, mentre le maggiori concentrazioni sono in Asia e Sudamerica.

Il litio è un metallo raro impiegato nell'industria e perciò è soggetto alle fluttuazioni della produzione industriale globale, ma nei prossimi decenni sarà un'ottima opportunità per le aziende minerarie che forniranno la materia prima alla nuova rivoluzione industriale.

INDIO

L'indio, metallo bianco e malleabile, simile all'alluminio o al gallio, è un sottoprodotto dello zinco. È un metallo raro, sconosciuto alla maggior parte delle persone, anche se viene utilizzato comunemente in tutti gli apparecchi televisivi e nei pannelli solari di ultima generazione (CIGS). Storicamente, la discesa dei prezzi dello zinco ha portato alla chiusura di molte miniere, riducendo la disponibilità di indio. Inoltre la Cina, principale produttore i questo metallo raro, ha limitato le esportazioni riducendo ulteriormente l'offerta di indio.

Secondo Mathias Rueth, direttore generale di Tradium, l'indio acquistato per investimento dai privati è in aumento: "abbiamo clienti che stanno spostando parte del loro denaro dai metalli preziosi verso indio e gallio". Durante la conferenza Metal Bulletin's Ferroalloys, ha detto che si stima che circa il 5% delle 600 tonnellate prodotte annualmente di indio, finisca nei portafogli degli investitori privati.

L'80% dei consumi di indio è in display LCD e schermi

piatti per TV. Si prevede che questo settore continuerà a crescere con l'aumento della popolazione mondiale, mentre non ci sono pressioni per la ricerca di materiali sostitutivi, sia per motivi di qualità che di prezzo. In un apparecchio televisivo, i componenti a base di indio incidono per meno dell'1% sul prezzo complessivo.

I nuovi schermi per la Apple, prodotti dalla Sharp Electronics, utilizzano la tecnologia IGZO (ossido di zinco, indio e gallio) che offre il doppio della risoluzione e un risparmio del 90% dell'energia rispetto agli schermi tradizionali.

Le riserve mondiali sono stimate in 11.000 tonnellate, quindi tra circa 20 anni non vi sarà più alcuna disponibilità di indio. Torneremo indietro negli anni, quando, fino al 1924, in tutto il mondo esisteva un solo grammo di indio puro?

+335%, UN BOOM CHE SI CHIAMA NIOBIO

È possibile che le quotazioni di una società possano crescere del 335% in pochi mesi, senza manovre di speculazione finanziaria? È ciò che sta accadendo ad una piccola società canadese che si accinge ad avviare la prima e unica miniera di niobio esistente in Europa e negli Stati Uniti.

Quando siete alla guida della vostra automobile o mentre state facendo una doccia calda o quando vi trovate seduto in ufficio, dovreste ringraziare un elemento sconosciuto della tavola periodica: il niobio.

Il niobio, in passato conosciuto come columbio, è un metallo raro che viene aggiunto all'acciaio per renderlo più forte e allo stesso tempo più leggero e più flessibile. È sempre più utilizzato nel settore automobilistico, nel settore delle costruzioni e dell'energia, in particolare nei gasdotti e negli oleodotti. Viene anche impiegato nell'industria nucleare, poiché ha una bassa sezione d'urto con i neutroni termici.

Il niobio è un metallo essenziale per l'Europa e gli Stati Uniti e non è mai stato prodotto in questi paesi negli ultimi 30 anni. Tutto il mondo, per gli approvvigionamenti, si affida completamente al Brasile e, per una piccola frazione, al Quebec (Canada).

La Cina è il maggior consumatore di niobio del mondo, a causa del boom di infrastrutture in atto nel paese. Anche i più recenti terremoti, con drammatici danni in termini di perdite di vite umane, hanno evidenziato le conseguenze dell'utilizzo di materiali scadenti in edilizia.

La Cina ha bisogno di aumentare l'uso di niobio anche per proteggersi dagli effetti devastanti dei terremoti ma, a differenza delle rare terre, della grafite, dello zinco e del minerale di ferro, non può produrre neanche un grammo di niobio.

Con questa situazione ben chiara, cinesi, giapponesi e coreani hanno pagato 2 miliardi di dollari per garantirsi l'approvvigionamento dalla brasiliana CBMM (Companhia Brasileira de Metalurgia e Mineração), il più grande produttore mondiale di niobio con l'85% di tutte le forniture globali. Cosa che ha scioccato l'Occidente che si è visto tagliato fuori dalla trattativa.

In questo contesto, una società canadese con sede a Vancouver, la NioCorp Developments Ltd, sta sviluppando l'unico deposito di niobio primario negli

Stati Uniti, dislocato a Elk Creek, in Nebraska. La produzione di metallo dovrebbe iniziare tra qualche mese e potrebbe presto diventare uno dei più importanti siti produttivi di niobio al di fuori del Brasile.

Sono questi i motivi che hanno spinto le azioni della società a crescere del 335% da inizio anno, passando da 0,14 dollari a 0,61 dollari. E, secondo qualche analista, la corsa non finisce qui e il prossimo obbiettivo è a 0,80 dollari.

IL MINERALE DEL FREE CLIMBING: LA MAGNESITE

Per molti sportivi è una consuetudine avere appresso un sacchetto contente una polvere bianca con cui cospargersi il palmo delle mani. Ma l'importanza della magnesite è soprattutto in ambito industriale, dove è indispensabile in molti processi produttivi.

Cosa hanno in comune free climbers, lanciatori del giavellotto e sollevatori di pesi?

Tutti questi atleti proteggono il loro attrezzo più importante, le mani, con uno strato protettivo di magnesite. Quella polvere bianca con la quale si ricoprono il palmo delle mani prima di cominciare un'arrampicata o una gara, introdotta dal famoso scalatore americano John Gill negli anni 50 per asciugare il sudore e per aumentare l'aderenza dei polpastrelli e della mano.

Ma quali sono le proprietà della magnesite che la

rendono così importante per molte discipline sportive?

Per capirlo dobbiamo fare un rapido viaggio nel mondo dei minerali targati magnesio, che ci consentirà di capire meglio il significato e le proprietà di tanti composti della magnesite di cui spesso abbiamo sentito parlare, senza però conoscerne a fondo il significato.

Anche se più di 80 minerali contengono magnesio, solo sei di essi vengono utilizzati per la produzione di magnesio. Uno di questi materiali, la magnesite, viene utilizzata soprattutto nei processi produttivi moderni, che vanno dalla carta ai mangimi.

Conosciuta anche come carbonato di magnesio, questo minerale cristallino bianco si trova in tutto il mondo e le sue proprietà lo rendono uno strumento prezioso in svariati settori.

Nelle sue forme più pure, il minerale contiene circa il 50% di magnesio, cosa che lo rende ideale per la produzione di magnesio per l'impiego nelle leghe di alluminio.

Esistono diverse metodologie per estrarre il magnesio dalla magnesite. Tuttavia il metodo più comune e meno costoso, è di riscaldare il minerale tra 1.200 e 1.600 °C, riducendo il magnesio in un vapore. Una volta raffreddato e condensato il vapore, si ottiene magnesio puro. Purtroppo questo processo è assai dannoso per l'ambiente, poiché contribuisce al riscaldamento globale e produce una notevole quantità di materiali di scarto.

Ma la magnesite è utilizzata anche per produrre ossido di magnesio, o magnesia, un importante materiale refrattario utilizzato all'interno di forni e fornaci per moltissime lavorazioni che vanno dal cemento ai metalli non ferrosi.

Quali sono i principali paesi produttori di magnesite?

Ancora una volta è la Cina a dominare la produzione mondiale di magnesite e, tra il 2011 e il 2012, ha estratto circa sei volte di più di quanto abbia fatto la Turchia, il secondo più grande produttore del mondo.

Grazie a questa sua posizione dominante, la Cina controlla di fatto il prezzo del magnesio. Anche se le recenti normative introdotte nel paese per un maggior rispetto dell'ambiente dovrebbero portare ad un aumento dei prezzi, sarà comunque assai difficile per tutti i produttori non cinesi riuscire a competere con i bassi costi di produzione della Cina.

Tutti gli sportivi, da chi fa ginnastica artistica a chi salta con l'asta o pratica free climbing, saranno felici di sapere che, non soltanto gran parte del loro abbigliamento, ma anche la sicurezza della loro presa è al 100% made in China!

COLTAN, UN MINERALE CHE COSTA VITE UMANE

Conflitti e violenze dell'Africa Orientale hanno le loro radici in un minerale semi-sconosciuto come il coltan, molto richiesto dal mercato dell'elettronica dei paesi sviluppati disposti, fino ad ora, ad ignorarne i costi in vite umane.

Qualcuno potrebbe aver già sentito parlare di coltan, un minerale assai controverso che proviene dalla Repubblica Democratica del Congo (RDC).

Tuttavia, la maggior pare delle persone ne ignora totalmente l'esistenza, nonostante sia uno dei minerali più presenti nella vita quotidiana di tutti noi, dagli smartphone ai computer, dalle apparecchiature mediche ai dispositivi elettronici nelle autovetture.

Conoscere qualcosa di più di questo minerale può essere d'aiuto per comprendere anche i sanguinosi conflitti che affliggono le popolazioni africane, causa di dolore, sofferenze e povertà.

Il coltan, nome della columbite-tantalite, è un minerale dal quale vengono estratti due importanti metalli rari: il niobio e il tantalio. Il primo utilizzato per l'80% per fabbricare acciai basso-legati, mentre il secondo impiegato in tutta l'industria dell'elettronica. Il coltan è assai raro, essendo presente nella crosta terrestre in 2 parti per milione.

Circa due terzi di tutto il tantalio prodotto nel mondo viene utilizzato per la costruzione di condensatori elettronici, componenti fondamentali di telefoni cellulari e dispositivi elettronici. È il tantalio che ha contribuito enormemente alla miniaturizzazione dei dispositivi elettronici moderni e, quindi, il coltan è una componente chiave della vita moderna.

Viene estratto, spesso da minatori artigianali e improvvisati, in paesi come Brasile, Canada e Australia, anche se il principale produttore di tantalio del mondo risulta essere il Rwanda che, in realtà, funge da prestanome per la Repubblica Democratica del Congo, da dove realmente proviene il metallo.

Tuttavia, la faccia nascosta del coltan non è per nulla edificante. Il minerale viene estratto manualmente, filtrando sabbia e ghiaia fino a quando non si deposita sul fondo. Chi lavora in queste miniere è sottoposto a condizioni disumane, in turni lavorativi di non meno di 12 ore, senza alcuna misura di sicurezza o di salvaguardia per la salute. Un fenomeno che riguarda soprattutto le miniere nella Repubblica Democratica del Congo.

Inoltre, cosa non nuova per i nostri lettori, il coltan è uno dei cosiddetti conflict-minerals, cioè minerali attorno ai quali nascono violenti conflitti per controllarne l'estrazione e il commercio, i cui ricavati finanziano a loro volta l'acquisto di armi per eserciti di banditi e di criminali. Secondo una recente stima, l'esercito ruandese ha ricavato almeno 250 milioni di dollari in 18 mesi attraverso la vendita di coltan. Un problema che riguarda anche stagno, oro e tungsteno.

Infine, non per importanza, lo sfruttamento selvaggio delle miniere di coltan nella RDC ha causato una significativa distruzione degli habitat dei gorilla. Secondo l'Environment Program delle Nazioni Unite, il numero di gorilla in otto pachi nazionali è diminuito del 90% negli ultimi 5 anni e, ad oggi, ne rimangono soltanto 3.000 esemplari. Sembra anche che i gruppi ribelli armati e gli stessi minatori mangino la carne degli scimpanzé, dei gorilla e degli elefanti nel Parco Nazionale del Kahuzi Biega e della Okapi Wildlife Reserve.

Per tutte queste ragioni il Parlamento europeo ha votato per introdurre il divieto per tutti quei prodotti che contengono conflict-minerals, nel totale disinteresse di tutta l'opinione pubblica, soprattutto in Italia.

Non sorprendetevi troppo se quando accenderete il vostro smartphone sentirete qualcosa di simile ad un pugno nello stomaco… vorrà dire che tutto il sangue versato per dare ai consumatori dei paesi più sviluppati l'ultimo gioiello miniaturizzato della tecnologia non vi lascia del tutto indifferenti.

IL MERCATO

TERRE RARE: GIUNGLA O MERCATO?

Le terre rare non sono elementi così rari come il loro nome potrebbe far pensare, ma i prezzi di mercato di questi metalli sono qualcosa di molto complicato.

Le terre rare sono 17 e ciascuna di esse viene classificata in gruppi diversi a seconda della tipologia e della forma in cui si presenta. Naturalmente, cambiano anche i prezzi.

Argus Rare Earths, una società di informazione specializzata nel settore delle terre rare, tiene traccia di ben 58 prezzi diversi, raccolti ogni due settimane. Cosa scoraggiante per chiunque voglia capire come muoversi in quella che sembra una giungla selvaggia di prezzi.

Tuttavia, con un po' di pazienza, è possibile fare chiarezza introducendo alcuni principi fondamentali che governano il mercato delle terre rare e i suoi prezzi.

Innanzitutto, è importante sapere che il driver principale del mercato è la Cina, il più grande produttore del mondo, che produce oltre il 90% di tutte le terre rare. Grazie a questo monopolio, nel 2010 e nel

2011, quando la Cina ridusse le esportazioni, i prezzi delle terre rare schizzarono verso l'alto.

Conseguentemente, i più grandi consumatori di terre rare hanno cominciato a cercare forniture affidabili al di fuori della Cina. Impresa tutt'altro che facile, soprattutto quando i prezzi hanno cominciato a scendere in modo significativo.

Nel 2014, l'Organizzazione Mondiale del Commercio (WTO) ha condannato le restrizioni cinesi alle esportazione di terre rare e la Cina ha deciso di rimuoverle a partire dal gennaio di quest'anno. Inoltre, da maggio, il paese ha eliminato anche i dazi alle esportazioni, condannando i prezzi di questi metalli ad un'ulteriore discesa.

Anche se qualcuno ha ventilato la possibilità che il monopolio cinese si possa indebolire in un prossimo futuro, la Cina è ancora il dominus incontrastato del mercato.

Per quanto riguarda i prezzi, a differenza di oro o argento, non è per nulla facile trovarli poiché non esiste alcun mercato ufficiale, ad eccezione del Fanya Metal Exchange, recentemente collassato. Le uniche fonti disponibili sono a pagamento, come per esempio quella della Argus Rare Earths.

Ma le terre rare, come dicevamo in precedenza, non

sono tutte uguali.

Innanzitutto si dividono tra terre rare leggere e pesanti e, in linea di massima, queste ultime sono le più richieste. Non per questo, tra le terre rare leggere, si può dire che ci siano metalli poco importanti come nel caso del neodimio e del praseodimio, indispensabili per la fabbricazione dei magneti insieme al disprosio. Il disprosio è assai costoso dal momento che, in forma metallica, vale attualmente 270 dollari al chilogrammo, mentre l'ossido di disprosio vale 210 dollari al chilogrammo.

Invece, il prezzo del cerio metallico è di circa 5,40 dollari al chilogrammo. Il cerio è la più abbondante delle terre rare, persino più abbondante del rame.

Sia il cerio che il lantanio, impiegati entrambi nella produzione di acciaio, sono attualmente in eccesso di offerta. Così come l'ittrio che è abbastanza a buon mercato (4,40 dollari al chilogrammo), al contrario di europio e terbio maledettamente rari e costosi. Il terbio metallico vale 520 dollari al chilogrammo e l'ossido di terbio 380 dollari. L'europio metallico 345 dollari e l'ossido di europio 110 dollari al chilogrammo.

Una tale varietà comporta la necessità di separare fisicamente tra loro i 17 elementi delle terre rare, operazione per nulla facile, complicata anche dalla presenza di una serie di altre impurità come l'uranio e il torio, difficili da smaltire.

Anche se è in uso l'abitudine di utilizzare una media dei prezzi delle terre rare per avere un'idea dell'andamento generale, è impossibile comprendere il trend se non separando i differenti metalli, che seguono una logica della domanda e dell'offerta spesso molto diversa tra di loro.

Come hanno fatto molti mass-media durante gli anni delle impennate clamorose dei prezzi, non comprendendo le differenze tra un elemento delle terre rare e l'altro, c'è il rischio di prendere cantonate gigantesche nel formulare previsioni sull'andamento dei prezzi delle terre rare come se fossero un solo metallo.

ECCO PERCHÈ I PREZZI DEL COBALTO SALIRANNO

Oggi, sui mercati tumultuosi delle materie prime, è assai difficile per un investitore scegliere un metallo su cui puntare.

I metalli preziosi stanno andando molto male e le previsioni non sono troppo incoraggianti per il prossimo futuro. Non molto diverso è lo scenario dei metalli industriali, alcuni dei quali sono stati colpiti drammaticamente dal rallentamento economico della Cina.

In mezzo a questa confusione, qualcuno ritiene che tra i cosiddetti metalli rari, o metalli critici, si possa trovare qualche buona opportunità. È il caso di 3 metalli, facenti parte della catena di approvvigionamento di chi produce batterie: litio, grafite e cobalto.

Focalizzeremo la nostra attenzione sul cobalto, con una breve panoramica per capire le ragioni per cui alcuni analisti sono ottimisti su questo metallo.

È facile per chiunque immaginare l'impatto positivo che i veicoli elettrici avranno sul cobalto. La costruzione della nuova Gigafactory di batterie al litio della Tesla Motors, con un investimento da 5 miliardi di dollari, ha attirato l'attenzione internazionale, oltre che su litio e grafite, anche sul cobalto, indispensabile nella produzione di batterie.

Anche se non sono ancora note le quantità di metalli necessari alla nuova fabbrica della Tesla, alcuni analisti hanno formulato delle stime, secondo le quali serviranno 7.000 tonnellate all'anno di cobalto. Inoltre, la Tesla, non è l'unica azienda ad avere in programma la costruzione di fabbriche di batterie per veicoli elettrici.

Indiscutibilmente, la domanda sembra destinata ad una crescita nei prossimi anni, molto superiore a quella attuale che è del 6% all'anno. Ma cosa sta accadendo sul fronte dell'offerta?

Fino ad oggi la forniture di cobalto non hanno mai costituito un problema, ma le cose sembrano all'inizio di un cambiamento. Glencore ha recentemente sospeso la produzione per 18 mesi a Katanga Mining e Mopani Copper Mines, due miniere di rame che producono cobalto come sottoprodotto in una quantità di circa 16.000 tonnellate all'anno. Considerando che la produzione mondiale nel 2014 è stata di 112.000 tonnellate, si può capire l'impatto che avrà sul mercato il venir meno del cobalto della Glencore.

Sempre sul lato dell'offerta, un altro endemico problema affligge il mercato. Il più importante paese produttore di cobalto del mondo è la Repubblica Democratica del Congo, nota per la sua instabilità politica. Anche se oggi non esistono particolari problemi a riguardo, la minaccia di improvvise interruzioni delle forniture sono una spada di Damocle che incombe su tutto il mercato.

Per tutte queste ragioni, un numero crescente di analisti prevede un futuro rialzista per il cobalto. Quando ciò avverrà rimane però tra le famose domande da "100 milioni di dollari"!

GLI SCANDALOSI PREZZI DELLO SCANDIO

A seguito dei forti rialzi dell'ultimo periodo, molti investitori vorrebbero conoscere i prezzi dello scandio ma, come avviene per altri metalli critici, le quotazioni non sono per niente facili da trovare.

Ultimamente, lo scandio sta attirando l'attenzione di molti investitori.

La domanda potenziale per questo metallo raro è enorme, soprattutto grazie al suo impiego in alcune leghe di alluminio e per le applicazioni delle celle a combustibile, le pile che rappresentano il futuro dei trasporti.

Secondo lo US Geological Survey, le forniture ed i consumi di scandio in tutto il mondo vanno dalle 10 alle 15 tonnellate all'anno, ma i consumatori di questo scarsissimo metallo sarebbero disposti a comprarne dell'altro se fosse disponibile qualche nuova fonte di approvvigionamento.

Come è facile immaginare, questo mercato non è di facile approccio nemmeno per i trader più esperti e, come la maggior parte dei metalli critici, i prezzi sono assai difficili da reperire.

Rame, argento e oro, tanto per fare degli esempi, sono quotati su mercati regolamentati e i prezzi sono di pubblico dominio. Per lo scandio le cose stanno diversamente. Non esistono contratti a termine o futures e quindi non esiste un mercato dove compratori e venditori possano fissare un prezzo. I prezzi vengono stabiliti tra i singoli acquirenti e venditori durante le loro trattative private.

Inoltre, non esiste un riferimento qualitativo standard del metallo e, quindi, i prezzi fanno riferimento a purezze differenti che possono arrivare al 99,9% per l'ossido di scandio impiegato nelle applicazioni elettroniche, ma che sono molto più basse per la produzione di leghe di alluminio.

Tuttavia, non esiste soltanto l'ossido di scandio, poiché il mercato richiede anche cloruro, fluoruro e acetato di scandio.

Ma veniamo alla parte che più interessa agli investitori: il prezzo.

143

Secondo gli ultimi dati disponibili dello US Geological Survey, che pubblica quasi tutti gli anni le stime dei prezzi per questo metallo, l'ossido di scandio di purezza 99,99 valeva 5.000 dollari al chilogrammo. Ma l'ossido di scandio 99,9995 valeva addirittura 6.000 dollari al chilogrammo.

Considerando che da queste ultime rilevazioni i prezzi sono notevolmente aumentati, è naturale domandarsi se questi livelli non siano troppo elevati.

Tuttavia, per chi deve comprare scandio il problema principale non sono i prezzi, quanto trovare un approvvigionamento costante e affidabile di metallo.

Perciò, anche se alcuni analisti indicano che i prezzi potrebbero rallentare nei prossimi anni, non c'è da essere troppo sicuri che ciò avvenga tanto presto.

BUSINESS MILIARDARIO NEL RICICLO DI METALLI RARI

Una miniera a cielo aperto inesplorata di metalli rari e preziosi . Ecco cosa potrebbe diventare il business del riciclo di metalli rari tra qualche anno.

Centinaia di milioni di sterline in metalli rari e preziosi vengono gettati via ogni anno in Inghilterra, dove telefoni cellulari e vecchi computer vengono rottamati. Il governo inglese sta lanciando un nuovo piano per aiutare le aziende del Regno Unito a trarre un beneficio dal mercato multi-miliardario per il riutilizzo di questi metalli.

Di fronte ad una crescente domanda globale di beni di consumo e ad una dipendenza dall'estero di questi metalli, il segretario per l'ambiente Caroline Spelman, ha pubblicato in questi giorni un piano, il Resource Security Action Plan, per assicurarsi che le aziende inglesi possano essere meno vulnerabili ai cambiamenti di prezzo e dell'offerta.

La Cina produce oltre il 95% di terre rare, mentre Russia e Congo sono leader nella produzione di altri metalli rari indispensabili per le tecnologie che usiamo quotidianamente, come per esempio i telefoni cellulari. L'80% dei direttori generali delle aziende, intervistati di recente dall'associazione degli industriali inglesi, hanno dichiarato che la carenza di metalli rari rappresenta un grosso rischio per l'attività della propria azienda nel 2012.

Da qui al 2020, l'Inghilterra disporrà di 12 milioni di tonnellate di apparecchiature elettroniche rottamate, contenenti metalli rari e preziosi in percentuali considerevoli: 63 tonnellate di palladio (valore 1 miliardo di sterline) e 17 tonnellate di iridio (valore 380 milioni di sterline).

Il Resource Security Action Plan prevede un finanziamento di 200 milioni di sterline per far crescere aziende che trovino nuove metodologie di riutilizzo e riciclo per questi metalli. Sono previsti supporti e investimenti per favorire, aiutare e supportare progetti per avviare nuovi business che forniscano il riciclo di metalli rari.

I metalli usati nei principali beni di consumo tecnologici includono:

⋏ telefoni cellulari: oro, antimonio, palladio, berillio, gallio e platino (cobalto nelle batterie);

⋏ laptop: cobalto e nichel (hard disk) e neodimio;

⋏ player mp3, cuffie e altoparlanti: neodimio;

⋏ batterie ricaricabili: cobalto;

⋏ veicoli ibridi: litio e terre rare;

⋏ televisori, computer e altri dispositivi elettronici: indio, cerio, lantanio, praseodimio;

⋏ schede elettroniche: cobalto, gallio, litio e platino;

⋏ gioielleria: platino;

⋏ veicoli: platino, palladio e rodio;

⋏ apparecchi medicali: platino.

Ma c'è anche un'opportunità multi-miliardiaria nella massiccia quantità di metalli preziosi che si perdono a causa del modo in cui approcciamo oggi i prodotti che le persone non vogliono più.

IL FUTURO PROMETTE BENE PER L'URANIO

Il mercato dell'uranio è abituato a ragionare su tempi lunghi e nei prossimi dieci anni gli osservatori si attendono che i prezzi attuali possano almeno raddoppiare. Ecco perché...

Il recente passato dell'uranio è stato caratterizzato da un eccesso di scorte che, sommate alle nuove produzioni, ha portato ad un'offerta superiore alla domanda del mercato.

Per comprendere meglio il funzionamento di un mercato come quello dell'uranio, è indispensabile approfondire i meccanismi che lo governano. Esistono infatti due principali fonti di uranio: le miniere, che contribuiscono per circa i tre quarti della domanda globale, e le fonti secondarie. Le fonti secondarie sono le scorte governative e l'uranio sterile ri-arricchito.

Attualmente, sia Stati Uniti che Russia stanno vendendo

uranio sul mercato attingendolo dalle proprie scorte.

Per quanto riguarda i prezzi, la quotazione spot dell'uranio è a circa 37 dollari per libbra (U3O8), mentre il prezzo per contratti a lungo termine arriva a 49 dollari per libbra. Prezzi bassi, che di certo non incentivano la produzione ne l'avvio di nuovi impianti.

La produzione mineraria annua attuale ammonta a 68.000 tonnellate, una quantità molto alta rispetto allo scorso decennio e che costringerà il mercato nei prossimi anni a produrre non più di 11.000 tonnellate all'anno, se i prezzi non subiranno un cambiamento.

Guardando invece alla domanda di nucleare, la Francia e gli Stati Uniti occupano i primi posti, seguiti da Russia, Cina e Corea del Sud.

La Cina ha però in programma di avviare numerosi reattori nucleari, così come anche la Russia, l'India e la Corea del Sud, cosa che farà crescere la domanda di uranio come combustibile nucleare nei prossimi cinque anni. Per questo motivo gli analisti ritengono che i prossimi 15 anni vedranno un tasso di crescita del mercato del 3%, la più grande crescita mai registrata dal 1970 e che porterà ad un deficit significativo entro la fine del decennio.

E i prezzi? Le attese sono che i prezzi dell'uranio

arrivino a 70 dollari per libbra nei prossimi due o tre anni.

Inoltre, un evento mai verificatosi prima avrà luogo nel corso di quest'anno. Il fondo di investimento Uranium Participation Corp (UPC), un fondo dedicato all'uranio fisico, effettuerà i primi importanti acquisti sul mercato ("Come investire in uranio fisico… senza rischiare la vita"). Probabilmente l'investimento sarà di una cifra di circa 200 milioni di dollari, equivalenti a 900 tonnellate di uranio.

Tuttavia, l'attenzione del mercato nel breve termine è puntata sull'imminente riavvio dei reattori nucleari giapponesi che, come atteso da mesi, potrebbe infiammare il mercato e portare ad una crescita significativa dei prezzi dell'uranio.

Sommario